Pradnya Bhuse

Análise de tensões e avaliação da resistência de juntas adesivas de cachecóis

Pradnya Bhuse

Análise de tensões e avaliação da resistência de juntas adesivas de cachecóis

ScienciaScripts

Imprint

Cover image: www.ingimage.com

This book is a translation from the original published under ISBN 978-3-330-08469-8.

Publisher:
Sciencia Scripts
is a trademark of
Dodo Books Indian Ocean Ltd. and OmniScriptum S.R.L publishing group

120 High Road, East Finchley, London, N2 9ED, United Kingdom
Str. Armeneasca 28/1, office 1, Chisinau MD-2012, Republic of Moldova, Europe
Printed at: see last page
ISBN: 978-620-7-30594-0

RESUMO

As juntas adesivas são utilizadas para unir dois materiais através da utilização de adesivo. O peso leve e a distribuição uniforme das tensões são os factores importantes que diferenciam as juntas adesivas de outras juntas convencionais. A junta adesiva com cachecol é uma delas. A resistência da junta adesiva com cachecol depende de parâmetros como o ângulo do cachecol, a rugosidade da superfície, a espessura do adesivo, o tipo de adesivo, etc. O efeito destes parâmetros na resistência da junta adesiva deve ser estudado. Para este efeito, serão preparadas amostras de juntas adesivas com diferentes combinações de parâmetros afectados. Ao variar os valores dos parâmetros afectados em determinados níveis, a resistência da junta é determinada e as variações na resistência são estudadas. Através da aplicação da técnica de experimentação, serão encontrados os valores óptimos destes parâmetros para obter a resistência máxima.

Palavras-chave: *junta adesiva com cachecol, MEF, Adesivo, Tensão, Resistência da junta Junta adesiva com cachecol*

ÍNDICE

CAPÍTULO 01
INTRODUÇÃO

1.1 INTRODUÇÃO:

Nas aplicações de engenharia, a união de materiais é um processo muito antigo mas importante. Quase tudo o que é fabricado pela indústria tem componentes e estes têm de ser fixados uns aos outros. Muitas vezes, são escolhidos métodos de união mecânica como aparafusamento, rebitagem, soldadura e soldadura. No entanto, atualmente, os engenheiros optam frequentemente por utilizar a colagem por adesivo. A união de dois materiais através da colocação de adesivo entre eles e a sua solidificação não é mais do que uma ligação adesiva e essa junta é designada por junta adesiva. Esta técnica de união está bem comprovada e é capaz de substituir ou complementar os métodos de fixação mecânica. Os métodos convencionais, como o aparafusamento, a rebitagem e a soldadura, provocam uma concentração de tensões na superfície de um material de união, o que resulta em danos nas peças do material. A distribuição uniforme das tensões, que evita a concentração de tensões, é a principal vantagem do método da junta adesiva. Por conseguinte, a junta adesiva surge como um método alternativo aos métodos de junção convencionais. O baixo peso estrutural, a capacidade de unir dois materiais diferentes, a redução dos custos dos componentes e/ou da montagem, a melhoria do desempenho e da durabilidade dos produtos, uma maior liberdade de conceção e menos operações de acabamento são outras das vantagens das juntas adesivas.

A fim de aumentar a resistência das juntas adesivas, são inventados diferentes tipos de juntas adesivas, como a junta adesiva de colo simples, a junta adesiva de colo duplo, a junta adesiva de topo, a junta adesiva de colo escalonado, etc. A junta adesiva com cachecol é uma delas em que o ângulo do cachecol é o parâmetro mais crítico. A rugosidade da superfície, o comprimento da ligação, a espessura do adesivo, a área da superfície (em função do ângulo de escarfagem) e as propriedades do adesivo a utilizar são outros parâmetros importantes a ter em conta, que afectam grandemente a resistência da junta adesiva com escarfagem. Por isso, o estudo destes parâmetros é importante para determinar a resistência da junta adesiva com cachecol.

A fim de encontrar a resistência máxima da junta adesiva de lenço sob carga de tração, podem ser realizadas várias experiências para diferentes combinações de parâmetros de funcionamento e os seus valores óptimos podem ser encontrados. Aplicando a abordagem do projeto de experimentação (DOE), podemos reduzir o número de experiências necessárias sem afetar os resultados.

1.2 HISTÓRIA DA JUNTA ADESIVA:

Desde os primórdios da história que o homem utiliza colas ou adesivos. Os antigos egípcios fixavam os folheados aos móveis com cola. Estas primeiras colas eram todas substâncias naturais. Atualmente, são utilizadas resinas sintéticas e polímeros. A utilização mais antiga de colas foi descoberta em 2001, em Itália. Descobriu-se que a cola foi utilizada para unir duas pedras da era do Pleistoceno Médio (há cerca de 200 000 anos) [22]. Pensa-se que esta é a mais antiga aplicação descoberta de uma junta adesiva. A utilização de cola à base de plantas e animais era comum nas gerações seguintes. Estas colas eram simples colas de um componente. As colas à base de plantas são suficientemente pegajosas, mas são frágeis e menos resistentes às condições ambientais. A primeira utilização de colas compostas foi descoberta em Sibudu, na África do Sul. Foi encontrada uma junta de segmento de pedra com 70 000 anos de idade, na qual o adesivo utilizado era composto por uma combinação de goma vegetal e ocre vermelho (óxido de ferro natural). A adição de ocre à goma vegetal produz um produto mais forte e protege a goma de se desintegrar em condições de humidade. A capacidade de produzir adesivos mais fortes permitiu que os humanos da Idade da Pedra Média fixassem segmentos de pedra a paus em maiores variações e levou ao desenvolvimento de novas ferramentas [22].

Depois, a tecnologia de união de adesivos começou a desenvolver-se lentamente. Os gregos e os romanos deram grandes contributos para o desenvolvimento dos adesivos

O desenvolvimento das colas modernas começou em 1690 com a fundação da primeira fábrica de cola comercial na Holanda. Nas décadas de 1920, 1930 e 1940, o desenvolvimento de

As colas tornaram-se mais rápidas e a produção de novos plásticos e resinas teve lugar devido às guerras mundiais. Estes avanços melhoraram consideravelmente o desenvolvimento de colas, permitindo a utilização de materiais recentemente desenvolvidos que produziam uma variedade de propriedades. As indústrias aeroespaciais foram as primeiras a utilizar as juntas adesivas em grande escala, devido ao facto de serem leves, e muitos investigadores começaram a trabalhar neste domínio. Com a mudança das necessidades e o desenvolvimento da tecnologia, o desenvolvimento de novos adesivos sintéticos continua até ao presente. No entanto, devido ao seu baixo custo, as colas naturais continuam a ser mais utilizadas.

1.3 TIPOS DE JUNTAS ADESIVAS:

A junta adesiva é preparada colocando uma camada adesiva entre duas partes a unir e deixando-a curar. As partes a unir são designadas por aderentes. Com base na geometria da junta, podem ser classificados como

1. Junta adesiva sobreposta
2. Junta adesiva da placa de cobertura
3. Junta adesiva escalonada
4. Junta adesiva de topo
5. Junta adesiva para cachecol

O diagrama esquemático destas juntas adesivas é apresentado na Fig. 1.1

1.4 VANTAGENS DA COLAGEM POR ADESIVO:

- **Ligação contínua**: Durante o carregamento, há uma distribuição mais uniforme das tensões sobre a área colada. Evitam-se as concentrações locais de tensões presentes nas juntas soldadas por pontos ou fixadas mecanicamente. As estruturas coladas podem, consequentemente, oferecer uma vida útil mais longa sob carga.
- **Menor peso:** O baixo peso da junta, em comparação com outros tipos de junta, é uma das grandes vantagens da junta adesiva. A junta adesiva proporciona uma elevada relação resistência/peso.

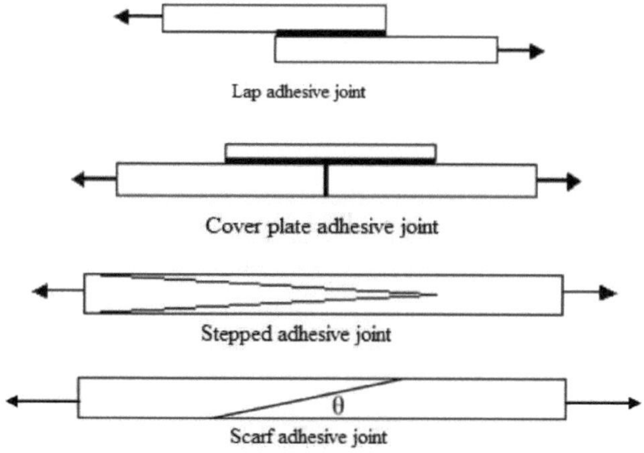

Fig. 1.1 Tipos de juntas adesivas

s **Estruturas mais rígidas:** O facto de a junta de ligação ser contínua produz uma estrutura mais rígida. Em alternativa, se não for necessária uma maior rigidez, o peso da estrutura pode ser reduzido mantendo a rigidez necessária.

- **Aspeto melhorado:** A colagem adesiva dá um aspeto suave aos desenhos. Os elementos de fixação, como parafusos ou rebites, não estão presentes na junta adesiva e não há marcas de soldadura.
- **Os adesivos formam uma ligação contínua entre as superfícies da junta:** Os rebites e os pontos de soldadura unem as superfícies apenas em pontos localizados. Enquanto que a ligação adesiva proporciona uma ligação contínua.
- **Aumento da resistência à fadiga:** Devido à distribuição uniforme das tensões, é menos provável que ocorram fissuras por fadiga nas ligações adesivas. Uma fenda de fadiga numa estrutura colada propagar-se-á mais lentamente do que numa estrutura rebitada, porque as linhas de colagem actuam como um travão de fendas.
- **Menos tratamento térmico:** A ligação adesiva não necessita de temperaturas elevadas para curar. Assim, é possível evitar a distorção do material devido à alteração das propriedades provocada pelo calor da brasagem ou da soldadura.
- **Conjuntos complexos: Conjuntos** complexos frequentemente unidos com adesivo que não podem ser unidos de outra forma viável para além da junta adesiva. As estruturas compósitas em sanduíche são o melhor exemplo deste tipo.
- **Materiais dissimilares:** As colas podem unir dois materiais dissimilares que são diferentes em termos de composição, módulos, coeficientes de expansão, espessura, etc.
- **Redução da corrosão:** A ligação adesiva contínua forma uma vedação. Consequentemente, a junta é estanque e menos propensa à corrosão.
- **Isolamento elétrico:** A ligação adesiva pode proporcionar um isolamento elétrico entre as superfícies.
- **Amortecimento de vibrações:** As ligações adesivas têm boas propriedades de amortecimento. A capacidade pode ser útil para reduzir o som ou a vibração.
- **Simplicidade:** A ligação adesiva pode simplificar os procedimentos de montagem, substituindo vários fixadores mecânicos por uma única ligação. A ligação adesiva pode ser utilizada em combinação com técnicas de soldadura por pontos ou de rebitagem, de modo a melhorar o desempenho da estrutura complexa.

A Todas estas vantagens podem traduzir-se em vantagens económicas: melhor conceção, maior facilidade de montagem, menor peso (inércia vencida com baixo dispêndio de energia) e maior duração em serviço.

1.5 TIPOS DE ADESIVOS:

Os tipos de adesivos disponíveis são muito variados. Estes são classificados como:

- **. Adesivos naturais:**

Estes são os primeiros adesivos utilizados pelo ser humano. Como o nome sugere, estas colas são obtidas a partir de recursos naturais. A fácil disponibilidade e o baixo custo são as principais vantagens, enquanto a baixa resistência e a resistência à humidade são as principais desvantagens destas colas.

por exemplo, cola animal.

- **. Adesivos de elastómeros:**

Trata-se de uma mistura de borracha natural e sintética. Possuem boa resistência à tração e à humidade, mas a resistência ao corte é muito baixa.

e. g. borracha natural.

- **. Adesivos modernos:**

As colas modernas são classificadas quer pela forma como são utilizadas, quer pelo seu tipo químico. Alguns dos principais tipos de colas modernas são os seguintes.

- **Anaeróbico:**

As colas anaeróbias endurecem quando em contacto com o metal e o ar é excluído. São baseadas em resinas sintéticas conhecidas como acrílicas. Devido ao processo de cura, as colas anaeróbias não têm capacidade de preenchimento de lacunas, mas têm a vantagem de uma cura relativamente rápida.

- **Cianoacrilatos:**

Trata-se de adesivos monocomponentes de cura à temperatura ambiente, disponíveis numa vasta gama de viscosidades. Quando pressionadas para formar uma película fina entre duas superfícies, a humidade presente nas superfícies de ligação neutraliza o estabilizador ácido presente na formulação de cianoacrilato, fazendo com que o adesivo cure rapidamente para formar termoplásticos rígidos com excelente adesão à maioria dos materiais. Necessitam de juntas bem ajustadas. O seu tempo de cura é muito reduzido e é adequado para pequenas peças de plástico e para borracha. As colas de cianoacrilato têm relativamente pouca capacidade de preenchimento de espaços, mas podem ser obtidas nas versões líquida e tixotrópica (não fluida). A superfície sensível, a temperatura de cura mais baixa são algumas das vantagens, enquanto a baixa estabilidade térmica e a fraca resistência ao descolamento são algumas das desvantagens.

A **Acrílicos:**

Estas colas são de cura rápida e oferecem uma elevada resistência e dureza. Estão disponíveis em duas partes, a resina e o endurecedor. Geralmente, estas partes são misturadas uma com a outra antes da aplicação, mas existem tipos especializados que são aplicados separadamente: a resina numa superfície de ligação e o endurecedor na outra. Toleram a preparação da superfície e aderem a uma vasta gama de materiais. Os produtos estão disponíveis numa vasta gama de velocidades de cura e como líquidos ou pastas que preenchem espaços até 5 mm. A cura elevada em profundidade, a boa resistência ao impacto e ao destacamento e a boa resistência às condições ambientais são algumas das vantagens do adesivo acrílico. A cura lenta e o desperdício durante a mistura são algumas das desvantagens.

- **Resinas epóxidas:**

A reação entre a epicloridrina e o bisfenol A dá origem a uma grande classe de resinas conhecidas como epóxi. Estas resinas podem ser reticuladas para obter adesivos fortes. **Epóxi** - Este é o grupo principal e caracteriza-se por ter o grupo epóxido idealmente em cada extremidade da molécula. O grupo pode ser ligado de forma cruzada com aminas e amidas. O adesivo resultante é utilizado na colagem de metal, betão, cerâmica, etc.

- **Fenoxi:**

Trata-se de poliéteres de elevado peso molecular também derivados da epicloridrina e do bisfenol A (numa relação equimolar). Diferem das resinas epoxídicas pelo facto de não terem grupos epóxidos, mas terem um elevado teor de hidroxilo que permite a ligação cruzada com isocianatos, aminas, etc. São utilizadas na ligação de cerâmica e metal.

- **Elastómeros:**

Estes estão disponíveis em sistemas de cura por humidade de uma parte, bem como em sistemas de mistura estática de duas partes com uma vasta gama de viscosidade. Geralmente curam através da reação entre a humidade ambiente. Têm boas propriedades adesivas, mas a força de coesão é baixa.

- **Derrete a quente:**

Trata-se de adesivos termoplásticos de uma só peça, sem solventes, que são sólidos à temperatura ambiente. São aplicadas a temperaturas elevadas (geralmente $>175^0$) e depois deixadas arrefecer para formarem uma ligação forte à temperatura ambiente. As propriedades físicas das colas de fusão a quente podem variar entre macias, elásticas e muito pegajosas e duras e rígidas após arrefecimento. As colas termofusíveis têm uma excelente durabilidade a longo prazo e resistência a humidade, produtos químicos, óleos e temperaturas extremas. O ponto de dispensa a quente, a sensibilidade à humidade e a fraca aderência em metais são alguns dos inconvenientes dos produtos termofusíveis. Os termofusíveis variam muito com base na sua química:

Os termofusíveis de **etileno vinil acetato (EVA)** são o termofusível "original". Têm boa aderência a muitos substratos, o custo mais baixo e disponibilidade de uma vasta gama, mas normalmente têm a pior resistência à temperatura.

Os termofusíveis **de poliamida** são um adesivo de custo mais elevado e de melhor desempenho com uma excelente resistência a altas temperaturas (até 300°F).

Os termofusíveis **de poliolefina** são especialmente formulados para aderir a poliolefinas, como plásticos de polipropileno e polietileno. Em comparação com outros produtos químicos, têm uma excelente resistência a solventes polares.

Os poliuretanos reactivos (PUR) são fornecidos como um pré-polímero de uretano, comportando-se de forma semelhante a uma fusão a quente normal até arrefecer. Assim que o PUR arrefece, reage com a humidade ao longo do tempo (alguns dias) para se reticular em poliuretano termoendurecido resistente. Oferecem temperaturas de aplicação mais baixas, maior aderência a metais e melhor resistência térmica.

1.6 MODOS DE CARGA NA JUNTA ADESIVA:

É muito importante compreender os tipos de tensões de carga envolvidos nas juntas coladas. A resistência das juntas adesivas depende principalmente de dois parâmetros principais, ou seja, o material envolvido na junta adesiva e os tipos de tensões de carga envolvidos na junta. Os tipos básicos de tensões envolvidas nas juntas adesivas são a tensão, a compressão, o corte, a clivagem e a descamação, como se mostra na Fig. 1.2 As tensões de tração desenvolvem-se quando as forças actuam perpendicularmente ao plano das superfícies da junta. As juntas adesivas têm um bom desempenho em cargas de tração, em que todo o adesivo contribui para a resistência da junta. Para se obter uma boa resistência à tração de uma junta adesiva, é importante impor restrições específicas às juntas, não permitindo o desenvolvimento de quaisquer outras tensões.

As cargas de compressão são o oposto das cargas de tração, que também actuam perpendicularmente ao plano da junta. A carga de compressão tende a aproximar os aderentes e a reduzir a espessura do adesivo. Tal como acontece com a carga de tração, é importante manter as cargas alinhadas para que se desenvolvam tensões puramente compressivas na junta adesiva. Geralmente, os adesivos têm uma elevada resistência à compressão, pelo que não é provável que falhem sob compressão, mas devido à distribuição desigual das tensões, podem falhar em pontos fracos com a formação de fendas. Na prática, se a força de compressão for suficientemente elevada e não houver movimento relativo dos aderentes, então, sem qualquer adesivo, os aderentes manterão uma posição relativa entre si.

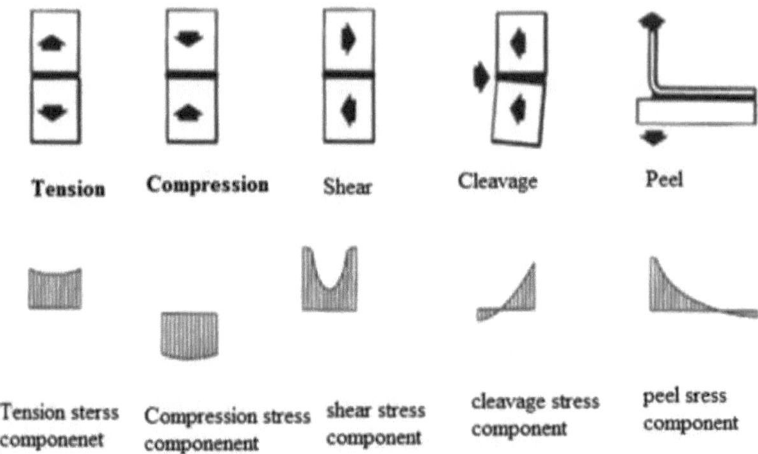

Fig.1.2 Tipos de tensões de carga em estruturas de juntas adesivas [2]

As tensões de corte desenvolvem-se numa junta adesiva quando a carga actua num plano de superfícies aderentes. As juntas que dependem da resistência ao cisalhamento do adesivo são de uso comum e relativamente fáceis de fabricar. As juntas são geralmente mais fortes quando sujeitas a tensões de corte, pelo que, ao conceber a junta, esta é configurada de forma a que todos os tipos de cargas resultem numa carga de corte. No entanto, estas juntas continuam a sofrer tensões de descasque e de clivagem, o que é indesejável.

As tensões de clivagem desenvolvem-se numa junta adesiva devido à força que actua num dos lados da junta, como se mostra na Fig. 1.2, e tenta separar os aderentes. Tensões de descolamento é induzida na junta quando um ou ambos os aderentes se podem mover livremente. Nas juntas com carga de descasque ou de clivagem, a resistência da junta é inferior à das juntas com carga de corte, devido ao facto de a tensão se concentrar numa área muito pequena da ligação total. Nas tensões de descasque, uma parte muito fina da junta está sujeita a tensões, enquanto a outra parte da ligação não contribui para a resistência da junta.

1.7 MODOS DE FALHA EM JUNTAS ADESIVAS:

Quando a junta adesiva é carregada sob tensão pura, compressão, cisalhamento, descascamento e carga de clivagem ou cargas combinadas, as cargas são transferidas de um aderente para o outro através da camada adesiva e da interface aderente-adesivo. Por conseguinte, a falha da junta adesiva ocorre no ponto mais fraco da junta. A falha pode ser determinada através da compreensão da ligação na interface, da geometria da amostra e da carga. De acordo com a norma ASTM D5573, existem sete modos típicos de rotura [1]. Estes são: Falha adesiva, falha coesiva, falha coesiva de camada fina, falha por rasgamento de fibra, falha por rasgamento de fibra leve, falha por rutura de material e falha mista. Destes vários modos de falha, são importantes as duas categorias de modos de falha seguintes.

1.7.1 Falha de colagem:

Quando a falha da junta adesiva ocorre na interface entre o adesivo e o aderente, como se mostra na Fig. 1.3, designa-se por falha adesiva. Uma vez que esta falha ocorre na interface do adesivo e do aderente, também é designada por falha interfacial. Se a junta falhar na interface, isso significa que a resistência do adesivo é superior à resistência da ligação, o que é geralmente indesejável.

1.7.2 Falha de coesão:

Quando a falha da junta adesiva ocorre por falha do próprio adesivo, é designada por falha coesiva. É apresentada na fig. 1.3. Uma vez que a falha ocorre no interior da camada adesiva, a resistência da ligação é superior à resistência do adesivo. Por conseguinte, a junta que falha por falha coesiva é geralmente superior à que falha por falha adesiva.

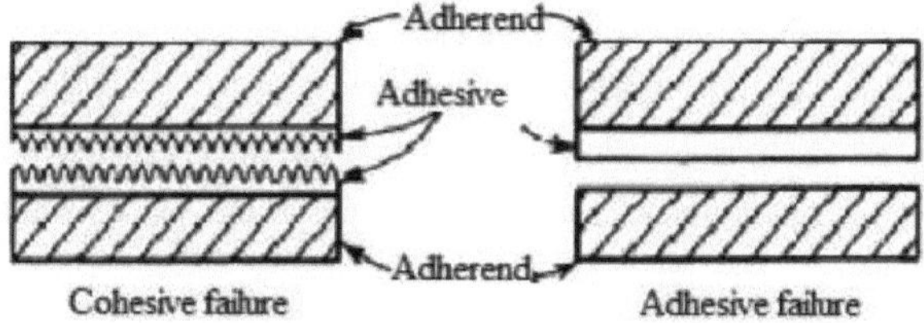

Figura 1.3 Modos básicos de falhas em juntas adesivas [3]

Em muitas aplicações práticas, a trajetória da fenda é oscilatória, ou seja, viaja de uma interface para a sua oposta, fissurando o adesivo a granel, o que não é nem uma falha adesiva nem uma falha coesiva.

1.8 OBJECTIVO E DEFINIÇÃO DO PROBLEMA:

1.8.1 Objetivo:

O principal objetivo deste estudo é compreender e analisar a junta adesiva com cachecol. Estudar as variações da resistência da junta adesiva com cachecol devido às variações dos parâmetros envolvidos na configuração da junta adesiva com cachecol. Além disso, procurar os valores óptimos destes parâmetros de controlo para obter a resistência máxima de uma junta.

1.8.2 Definição do problema:

As juntas adesivas ainda não são utilizadas de forma eficaz, apesar de a tecnologia de ligação adesiva ter várias vantagens em relação aos processos de junção convencionais[1][4]. Devido ao envolvimento de variáveis geométricas e de fabrico na configuração da junta adesiva de cachecóis, é necessário um conhecimento profundo destas variáveis. Em todas as juntas adesivas, a carga é transmitida de um aderente para outro aderente através da camada adesiva. Sempre que uma junta adesiva com cachecol é submetida a uma carga de tração, devido ao ângulo do cachecol, desenvolvem-se tensões mistas na junta, que são uma combinação de tensões de corte e de tração. A resistência à tração da junta adesiva com cachecol depende em grande medida do número de parâmetros envolvidos na configuração da junta adesiva com cachecol, como o ângulo do cachecol, a espessura da camada adesiva, a rugosidade da superfície do aderente, a proporção da mistura das partes do adesivo utilizadas, etc. Com variações nestes parâmetros de controlo, a resistência da junta varia, mas a variação não é uniforme. Por isso, é importante estudar o efeito das variações dos parâmetros de controlo da junta adesiva com cachecol na sua resistência. Além disso, para encontrar a resistência máxima da junta adesiva com cachecol, é necessário encontrar valores optimizados destes parâmetros de controlo que resultem na resistência máxima. Assim, o problema pode ser definido como um estudo paramétrico experimental da junta adesiva com cachecol sob carga de tração estática.

1.9 ORGANIZAÇÃO DO RELATÓRIO:

Após a introdução ao trabalho de projeto e à definição do seu problema e objetivo, o tópico seguinte descreve os estudos de investigação anteriores relevantes que são úteis durante o trabalho de projeto. No terceiro capítulo, o estudo da junta adesiva do cachecol é descrito em pormenor. O quarto capítulo trata dos pormenores da experimentação e do procedimento experimental do projeto. Enquanto o quinto capítulo trata da técnica de conceção da experimentação, a discussão dos resultados é efectuada no capítulo n.º 6. 6. A conclusão e o âmbito futuro do presente trabalho estão incluídos no sétimo capítulo. Seguem-se as referências.

CAPÍTULO 02
REVISÃO DA LITERATURA

INTRODUÇÃO:

Antes de iniciar o trabalho propriamente dito, é sempre útil estudar a literatura e os trabalhos já realizados em domínios semelhantes. Este estudo ajuda a decidir o esboço e o fluxo do projeto. Estão disponíveis alguns trabalhos de investigação e artigos nos quais foram discutidos tipos de questões semelhantes e estudos de caso. Neste capítulo, é descrito um resumo desses trabalhos e da literatura publicada por vários investigadores.

Hiroko Nakano , Yasuhisa Sekiguchi, Toshiyuki Sawa [1] As distribuições de tensões nas interfaces das juntas adesivas com cachecol sob momentos de flexão estática foram analisadas utilizando cálculos de elementos finitos bidimensionais e tridimensionais (FEM). Foram examinados os efeitos do ângulo do cachecol, do módulo de Young do adesivo e da espessura do adesivo na distribuição das tensões na interface. Verificou-se que a tensão singular nos bordos das interfaces diminuía à medida que o módulo de Young do adesivo aumentava e a espessura do adesivo diminuía. A tensão singular nos bordos das interfaces obtida com o MEF 3-D foi maior do que a obtida com o MEF 2-D. A resistência da junta também foi prevista através dos cálculos do MEF 3-D elasto-plástico

SinanAydin, MurazYavuzSolmaz, AydinTurut [2] efectuaram uma experiência com uma junta adesiva prismática de encaixe sob carga de tração estática e avaliaram a resistência da junta adesiva. O efeito de parâmetros como a rugosidade da superfície, a distância de sobreposição e a espessura do adesivo é considerado na resistência da junta adesiva. Realizaram várias experiências para determinar a resistência da junta adesiva prismática de encaixe com todas as combinações possíveis de factores de controlo e respectivos níveis e fizeram declarações comparativas sobre o efeito dos parâmetros de controlo na resistência da junta adesiva prismática de encaixe.

MohdAfendi, Toru Nakajima [3] apresentaram a previsão da resistência e da falha de uma junta adesiva epoxídica em forma de V. O efeito do ângulo de escarificação e da resistência da junta é investigado no artigo. Os autores propuseram os critérios para prever a tensão de rotura da junta adesiva em forma de V a partir dos resultados experimentais.

MohdAfendi, TocuoTeramoto, Hirul Bin Bakri [5] neste estudo, a resistência de juntas de escarfagem coladas adesivamente com epóxi de aderentes diferentes, nomeadamente aço inoxidável SUS304 e liga de alumínio YH75, é examinada em vários ângulos de escarfagem e várias espessuras de ligação sob carga de tração uniaxial. São utilizados ângulos de escarificação, $\theta=45°$, 60° e 75°. A espessura da ligação, *t,* entre os aderentes dissimilares é controlada para variar entre 0,1 e 1,2 mm. A análise de elementos finitos (FE) é também executada para investigar a distribuição de tensões na camada adesiva das juntas de escarfagem através do código ANSYS 11. Como resultado, o módulo de Young aparente da camada adesiva em juntas de escarfagem é 1,5-5 vezes superior ao do adesivo epóxi a granel, que foi obtido a partir de ensaios de tração. Para a previsão da resistência da junta de escarfagem, os critérios de rutura existentes (isto é, a tensão principal máxima e a tensão equivalente de Mises) não podem estimar satisfatoriamente os resultados experimentais actuais. Embora a multiaxialidade da tensão medida nas juntas de escarfagem aumente proporcionalmente à medida que o ângulo da escarfagem aumenta, os resultados experimentais não estão de acordo com os valores teóricos. A partir de soluções analíticas, a singularidade da tensão existe de forma mais pronunciada no canto da interface aço/adesivo da junta com um ângulo de escarificação de 45-75°. As observações da superfície de rotura confirmam que a rotura teve sempre início neste vértice. Este facto está também de acordo com a distribuição de tensões-y obtida na análise de EF. Por fim, a resistência das juntas de escarfagem coladas com adesivo frágil pode ser melhor prevista pela tenacidade do canto da interface, parâmetro *Hc*.

MohdAfendi, TokuoTeramoto e Akihiro Matsuda [6] realizaram um trabalho sobre a resistência e a tenacidade à fratura de juntas de escarfagem coladas adesivamente com epóxi de aderentes diferentes, nomeadamente o aço inoxidável SUS304 e a liga de alumínio YH75, que são examinadas em vários ângulos de escarfagem e várias espessuras de ligação sob carga de tração uniaxial. São utilizados ângulos de escarificação, θ = 45°, 60° e 75°. A espessura da ligação, *t,* entre metais dissimilares é controlada para variar entre 0,1 mm e 1,2 mm. A análise de elementos finitos (EF) também é executada para investigar a distribuição de tensões nas juntas de escarfagem com o código ANSYS 11. A partir de soluções analíticas, a singularidade da tensão existe de forma mais pronunciada no canto da interface aço/adesivo das juntas com um ângulo de escarfagem de 45° a 75°. Isto não só está de acordo com os resultados das análises de EF, como também é confirmado pela observação das superfícies de fratura, em que a fratura se iniciou sempre neste ponto. A resistência das juntas de escarificação aumenta à medida que a espessura da ligação diminui. A tenacidade do canto da interface, *abordagem* Hcap, pode ser aplicada na previsão da tensão de rotura das juntas de escarificação. Além disso, para juntas de escarpas com uma fenda interfacial, *os valores de* resistência à fratura, Jc, são independentes da espessura da ligação e menos sensíveis aos aderentes. Além disso, Jcin *aumenta* à medida que a mistura de modos aumenta.

HE Dan, TashiyukiSawa, Takeshi Iwamoto, Yuya Hirayama [7] analisou a distribuição de tensões em juntas adesivas com cachecol sob cargas estáticas de tração utilizando cálculos tridimensionais de elementos finitos. São examinados os efeitos do módulo de Young do adesivo, da espessura do adesivo e do ângulo de escarificação do aderente na distribuição das tensões na interface. Como resultados, verifica-se que o valor máximo da tensão principal máxima ocorre no bordo das interfaces. São demonstradas as diferenças nas distribuições de tensões na interface entre os resultados do MEF 2-D e 3-D. Observa-se também nos resultados do MEF 3-D que o valor máximo da tensão principal máxima é menor quando o ângulo da escarpa é de cerca de 60 graus, enquanto no MEF 2-D é de cerca de 52 graus, quando a tensão singular nos bordos desaparece. Além disso, a resistência da junta é estimada utilizando a distribuição de tensões na interface obtida a partir dos cálculos do MEF. Para verificar os cálculos do MEF, foram efectuadas experiências para medir as resistências e as deformações nas juntas sob cargas de tração estáticas utilizando extensómetros. Foram observadas concordâncias razoavelmente boas entre o MEF 3-D e os resultados medidos para as deformações. Por conseguinte, para a resistência da junta, os resultados permanecem conservadores.

MohdAfendi e TokuoTeramoto estudaram [8] que a junta adesiva é definitivamente o substituto ideal para qualquer método de ligação convencional (por exemplo, rebite, soldadura, ligação por difusão, etc.) em aplicações de engenharia estrutural, particularmente na união de materiais diferentes. No entanto, a junta adesiva contém inevitavelmente falhas ou descontinuidades nas interfaces. Além disso, a singularidade da tensão que se desenvolve no canto da interface devido a desajustes elásticos pode dar início à falha. Como tal, as juntas adesivas falham frequentemente de forma inesperada e grave sob uma carga mecânica ou térmica relativamente baixa em serviço. Na literatura, numerosos trabalhos foram orientados para a determinação do comportamento à fratura de juntas sandwich de materiais semelhantes. Estes incluíram investigações sobre o efeito da espessura da ligação, a propagação do percurso da fenda e a avaliação dos critérios de iniciação da fratura. Foi relatado que o comportamento à fratura da junta adesiva depende muito da espessura da ligação adesiva e da existência de fissuras ou falhas. No entanto, os mecanismos desta dependência ainda não estão esclarecidos e o estudo de juntas sanduíche de materiais dissimilares é escasso, o que motivou este trabalho. A fim de obter uma elevada fiabilidade e um desempenho significativo em termos de resistência das juntas adesivas, a resistência e a tenacidade à fratura das juntas adesivas devem ser determinadas de forma adequada. Assim, neste estudo, a resistência das juntas de topo coladas com adesivo epoxídico de metais dissimilares sob carga de flexão em três pontos (3PB) e de tração foi examinada em várias espessuras de cola. Foi também avaliada a resistência à fratura de juntas adesivas com fissuras interfaciais. A partir dos resultados experimentais e da análise de elementos finitos, será discutido o mecanismo de fratura das juntas coladas de materiais dissimilares.

M D Banea, L F M da Silva [9] fizeram uma revisão das investigações que têm sido feitas em juntas coladas adesivamente de estruturas compósitas de plástico reforçado com fibras (FRP) (construção de pele única e em sanduíche). Os efeitos da preparação da superfície, da configuração da junta, das propriedades do adesivo e dos factores ambientais no comportamento da junta são descritos brevemente para estruturas compósitas de FRP ligadas adesivamente. São discutidos os métodos analíticos e numéricos de análise de tensões necessários para a previsão de falhas. As abordagens numéricas abrangem modelos lineares e não lineares. São descritos vários métodos que têm sido utilizados para prever a rotura de juntas coladas. Não existe um acordo geral sobre o método que deve ser utilizado para prever a rotura, uma vez que a resistência e os modos de rotura são diferentes consoante os vários métodos e parâmetros de ligação, mas os modelos de dano progressivo são bastante promissores, uma vez que podem ser modelados aspectos importantes do comportamento da junta utilizando esta abordagem. No entanto, ainda existe uma falta de critérios de rotura fiáveis, o que limita a aplicação mais generalizada de juntas coladas em aplicações estruturais de suporte de carga principal. Uma previsão exacta da resistência das juntas coladas é essencial para reduzir a quantidade de ensaios dispendiosos na fase de projeto.

D. Herak, M. Muller, R. Choteborsky, O. Dajbych [10] representou o trabalho numa junta adesiva tipo cachecol com madeira como aderente. O artigo descreve a derivação completa da capacidade de carga teórica de uma junta adesiva tipo cachecol. O documento dá uma ideia para calcular as tensões de corte e de tração induzidas na junta. A parte do artigo trata da determinação da capacidade de carga real da junta colada.

HE Dan, TashiyakiSawa, Atsushi Karami [11] apresentou Uma das vantagens das juntas adesivas é a possibilidade de unir facilmente aderentes de materiais diferentes. Assim, as juntas adesivas com aderências diferentes são utilizadas tão amplamente como as juntas com aderências semelhantes. Foram efectuados alguns estudos sobre a avaliação das tensões e da resistência das juntas adesivas com aderências semelhantes, tais como as juntas adesivas de topo, as juntas adesivas sobrepostas e as juntas adesivas com lenço, sujeitas a cargas de tração estáticas. Além disso, muitos estudos sobre a análise de tensões e a estimativa da resistência de juntas adesivas sujeitas a cargas estáticas foram efectuados em análises bidimensionais. É necessário conhecer as distribuições de tensões na interface das juntas de escarfagem adesiva nas análises tridimensionais, tendo em conta as distribuições de tensões na direção da espessura. É sabido que a tensão singular ocorre nos bordos das interfaces, pelo que a tensão singular deve ser calculada na estimativa da resistência da junta. Suzuki et al. apresentaram a análise 3-D FEM. No entanto, a malha na sua análise era relativamente grosseira e o detalhe das tensões singulares nos bordos na direção da espessura não foi suficientemente esclarecido. Além disso, não foi efectuada qualquer investigação sobre a análise de tensões e a avaliação da resistência de juntas adesivas com cachecol com aderentes diferentes. As juntas adesivas com cachecol têm sido utilizadas em aeronaves, etc. No entanto, é importante determinar o ângulo ideal da escarfagem e as propriedades do material adesivo para uma melhor união. É necessário conhecer a distribuição das tensões na interface e estimar a resistência da junta nas juntas adesivas com cachecol com aderentes diferentes sujeitas a momentos de flexão estáticos, de um ponto de vista de conceção fiável. Neste artigo, as distribuições de tensões nas juntas adesivas com aderentes dissimilares sujeitas a momentos de flexão estática são analisadas utilizando o método dos elementos finitos (MEF) 2-D e 3-D e a diferença nas distribuições de tensões na interface é mostrada entre os cálculos do MEF 2-D e 3-D. A diferença na distribuição de tensões na interface entre as interfaces superior e inferior também é examinada. São examinados os efeitos do módulo de Young dos aderentes e do adesivo, o ângulo da escarpa e a espessura do adesivo nas distribuições de tensão da interface. Além disso, as características acima referidas das juntas com aderentes diferentes são comparadas com as da junta com aderentes semelhantes. Para verificar o cálculo do MEF, as deformações nas juntas foram medidas utilizando extensómetros. Além disso, a resistência da junta, indicada pelos momentos flectores de rutura, é estimada com cálculos do MEF 3-D na gama de deformação elasto-plástica, utilizando o critério de rutura da tensão principal máxima e da deformação principal máxima.

Foram também efectuadas experiências para medir o momento fletor de rutura. Os resultados numéricos são comparados com os resultados experimentais.

R. A. Kishore, R. Tiwari, A. Dvivedi, I. Singh [12] efectuou a análise de compósitos epoxídicos reforçados com fibra de vidro utilizando a metodologia de Taguchi. Cada etapa da metodologia de Taguchi é descrita no documento com pormenores.

SolymanShariei e NaghdaliChoupani [14] apresentaram que as juntas com cola são preferíveis aos métodos convencionais de união, como a rebitagem, a soldadura, os parafusos e a soldadura. Algumas das principais vantagens das juntas adesivas em comparação com as juntas convencionais são a capacidade de unir materiais dissimilares e materiais sensíveis a danos, uma melhor distribuição de tensões, a redução do peso, o fabrico de formas complicadas, excelentes propriedades térmicas e de isolamento, a resposta às vibrações e um melhor controlo do amortecimento, superfícies aerodinâmicas mais suaves e uma melhoria da resistência à corrosão e à fadiga. Este artigo apresenta o comportamento de juntas adesivas sujeitas a cargas térmicas combinadas, utilizando métodos numéricos. A configuração da junta considera o alumínio como aderente central com seis aderentes exteriores diferentes, incluindo alumínio, aço, titânio, boro-epóxi, grafite-epóxi unidirecional e grafite-epóxi em camadas cruzadas e adesivos à base de epóxi. A expansão livre da junta na direção x foi permitida e as tensões na camada adesiva e nas interfaces foram calculadas para diferentes aderentes.

M. Lusic, A Stoic, J Kopac [15] trabalharam numa junta adesiva de alumínio de uma só volta e investigaram o comprimento ótimo de sobreposição para uma junta adesiva de uma só volta e mostraram que, com o comprimento ótimo de sobreposição, é necessária uma quantidade mínima de adesivo, o que dá a máxima resistência à junta adesiva. A análise é efectuada de forma experimental e analítica. As propriedades mecânicas dos adesivos também foram analisadas num documento.

Makoto Nakazava [19] discutiu o mecanismo de adesão da resina epóxida à superfície do aço a nível molecular. O efeito do ambiente húmido na resistência da junta adesiva também é discutido brevemente no documento.

Resumo

Ao projetar estas juntas adesivas, uma questão importante é como determinar as propriedades do material adesivo e a espessura do adesivo do ponto de vista da engenharia mecânica. Assim, é necessário examinar os efeitos dos parâmetros geométricos (por exemplo, o ângulo do cachecol, a espessura do adesivo) e materiais na distribuição de tensões em juntas de cachecol, o que foi efectuado com cálculos FEM bidimensionais (2-D) e tridimensionais (3-D)

CAPÍTULO 03
CONCEPÇÃO DA JUNTA ADESIVA COM LENÇO

3.1 JUNTA ADESIVA COM CACHECOL:

As juntas adesivas dividem-se em várias categorias, como a junta sobreposta, a junta escalonada, a junta de topo, etc., tal como referido no capítulo 1.2. A junta adesiva com cachecol é uma delas. A junta adesiva com cachecol é um tipo de junta de topo em que as superfícies de união dos aderentes apresentam um ângulo de cachecol. A junta adesiva com cachecol é apresentada na fig. 3.1, em que α é o ângulo do cachecol.

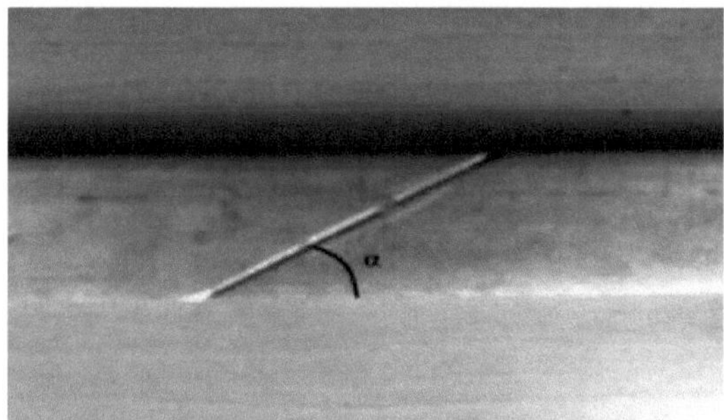

Figura 3.1 Junta adesiva do cachecol

Quando a junta com lenço é submetida a uma carga de tração, como se mostra na Fig. 3.1, desenvolvem-se tensões de tração e tensões de corte na superfície de contacto do aderente, bem como na camada adesiva. Se a carga aplicada for aumentada, inicia-se gradualmente a deformação da camada adesiva. A dada altura, esta deformação excede o limite, o que leva à iniciação de fendas e, consequentemente, à rutura da junta no interior da camada adesiva. A carga correspondente à rotura da junta adesiva, ou seja, a carga máxima suportada pela junta adesiva, é designada por resistência da junta adesiva. A resistência da junta adesiva depende dos parâmetros geométricos e de outros parâmetros envolvidos na configuração da junta adesiva.

3.2 MECANISMO DE ADESÃO:

A adesão é um fenómeno bastante complexo que não pode ser explicado por uma teoria simples. Uma vez que este fenómeno existe entre uma grande diversidade de tipos de materiais, existem diferentes teorias de adesão que se baseiam em fenómenos químicos de superfície. A ligação de um adesivo a um objeto ou a uma superfície é a soma de uma série de forças mecânicas, físicas e químicas que se sobrepõem e influenciam umas às outras [9]. Com base nisto, as teorias de adesão podem ser classificadas como: Encravamento mecânico, adsorção, atração eletrostática e difusão. Em casos raros, tanto a adsorção pura, como as forças de atração eléctrica ou de difusão são encontradas numa interface ligada por adesivo. Mas, na prática, a teoria da adesão é uma combinação de todas estas teorias de adesão. Estas teorias são discutidas de seguida.

3.2.1 Interbloqueio mecânico:

A teoria de interbloqueio mecânico da adesão afirma que uma boa adesão ocorre apenas quando um adesivo penetra nos poros, buracos e fendas e outras irregularidades da superfície aderente de um elemento aderente, e bloqueia mecanicamente os elementos aderentes [24]. O adesivo deve não só molhar o elemento aderente, mas também ter as propriedades reológicas correctas para penetrar nos poros e aberturas de um elemento aderente. Mas também pode ocorrer uma boa adesão entre superfícies aderentes lisas, pelo que é evidente que, embora o encravamento ajude a promover a adesão, não é um mecanismo de adesão geralmente aplicável.

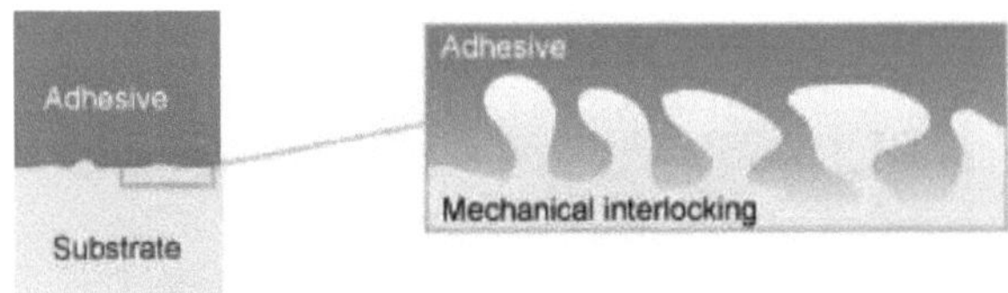

Figura 3.2 Adesão por interbloqueio mecânico [24]

Os métodos de pré-tratamento aplicados nas superfícies melhoram a aderência através do encravamento mecânico [24]. Este pré-tratamento resulta em micro-rugosidade na superfície aderente, o que pode melhorar a resistência e a durabilidade da ligação ao proporcionar um encravamento mecânico. Para além do encravamento mecânico, o aumento da resistência da junta adesiva devido à rugosidade da superfície aderente pode também resultar de outros factores, tais como a formação de uma superfície maior, a melhoria da cinética de humedecimento e o aumento da deformação plástica do adesivo [24].

3.2.2 Teoria da adsorção:

A teoria da adsorção afirma que a adesão resulta do contacto intermolecular entre dois materiais e envolve forças de superfície que se desenvolvem entre os átomos das duas superfícies.

Esta teoria é o mecanismo mais importante na obtenção da adesão [1]. As forças de superfície mais comuns que se formam na interface adesivo-aderente são as forças de van der Waals. Além disso, as interacções ácido-base e as ligações de hidrogénio podem também contribuir para as forças de adesão [23]. Os investigadores demonstraram experimentalmente que o mecanismo de adesão em muitas juntas adesivas envolve apenas estas forças secundárias interfaciais. Existe uma diferença significativa entre as forças de atração calculadas entre duas superfícies e a resistência das juntas adesivas medida experimentalmente, sendo o valor calculado mais elevado [24]. Esta diferença entre os valores de resistência teóricos e experimentais deve-se a vazios, defeitos ou outras irregularidades geométricas que podem causar concentrações de tensão durante o carregamento.

3.2.3 Teoria eléctrica:

Esta teoria explica as forças de atração adesiva em termos de efeitos electrostáticos numa interface. Esta teoria baseia-se no fenómeno da formação de uma dupla camada eléctrica na junção de dois materiais [23]. Em qualquer fronteira é produzida uma dupla camada eléctrica e a consequente atração coulombiana ajuda à adesão e proporciona resistência à separação.

3.2.4 Teoria da difusão:

A teoria da difusão descreve a adesão de materiais poliméricos. De acordo com esta teoria, a interpenetração de cadeias na interface resulta em adesão [23]. O conceito fundamental é que a adesão surge através da inter-difusão do aderente e do adesivo. O conceito fundamental é que a adesão surge através da interdifusão do aderente e do adesivo. Baseia-se na natureza de cadeia da estrutura com a consequente flexibilidade e a capacidade das cadeias para sofrerem movimentos Brownianos numa escala sub-molecular. Esta teoria requer que tanto o adesivo como o aderente sejam polímeros, que são capazes de se mover e são mutuamente compatíveis e miscíveis. A difusão é também um fenómeno complicado para os polímeros, que é descrito por várias teorias.

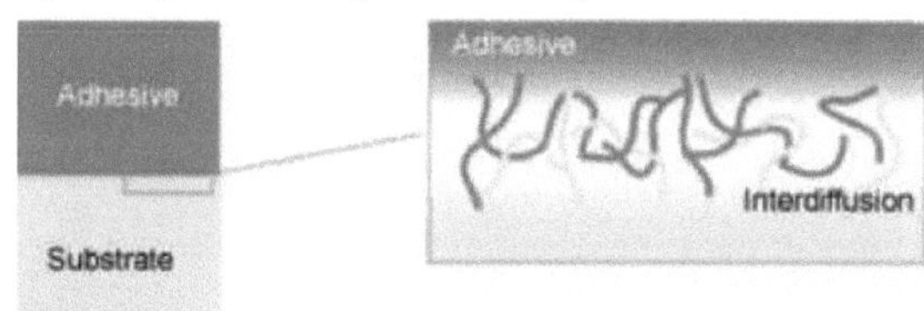

Figura 3.3 Adesão por difusão [24]

Quando o adesivo é utilizado em solução e se o aderente é sensivelmente solúvel no solvente, as moléculas do substrato também se difundem numa extensão apreciável para a camada adesiva [23]. A fronteira bem definida entre o aderente e o adesivo desaparece e é substituída por uma camada que representa uma transição gradual de um polímero para o outro.

3.3 AVALIAÇÃO DAS TENSÕES NA JUNTA ADESIVA DO TIPO "SCARF":

Para garantir uma elevada fiabilidade e um desempenho significativo da resistência da junta adesiva, a resistência e as tensões induzidas na junta adesiva devem ser devidamente determinadas. Se as juntas adesivas forem sujeitas a uma carga axial de tração, são induzidas tensões de tração e de corte na junta. Para obter estas tensões, a geometria da junta é importante.

Considere a secção de acordo com a fig.3.3, a componente principal da tensão pode ser determinada como,

P =- (1)

A força F pode ser resolvida em componentes normais e tangenciais, os componentes individuais da força são

N = F x sin αComponente normal (2)

T = F x cos αComponente tangencial (3)

A área de superfície ligada S é

$S = Q/ \sin \alpha$ (4)

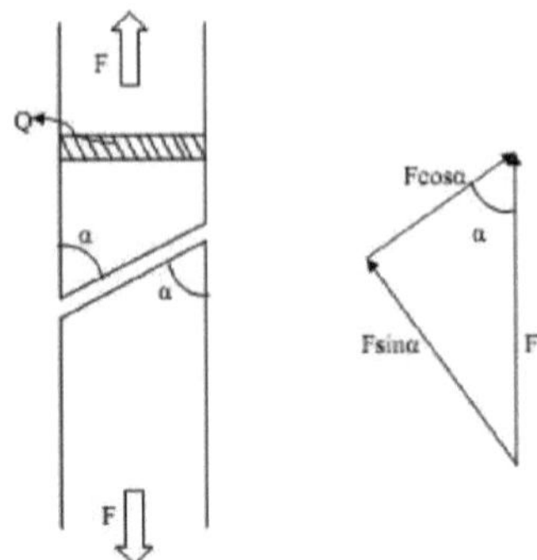

Figura 3.4 Tensões na junta adesiva de cachecol

Introduzindo as equações (3) e (4) na equação básica da tensão de cisalhamento, a relação entre o ângulo da escarpa e a tensão de cisalhamento pode ser dada como

Tensão de corte T =⁻ =---

$= - * \cos\alpha * \sin\alpha$

$\tau = - * \sin 2\alpha$ (5)

Do mesmo modo, as tensões de tração na superfície da ligação podem ser determinadas introduzindo as equações (2) e (4) na equação de base da tensão de tração como

$\sigma = -$ ------

$= - * \sin\alpha^2$

$\sigma = - * (1\text{-}\cos 2\alpha)$ (6)

Assim, utilizando as expressões (5) e (6), é possível determinar as tensões de tração e de corte induzidas na junta se a força F e o ângulo α da escarpa forem conhecidos.

A partir da geometria apresentada na Fig.3.3, pode prever-se que, quando o ângulo de escarfagem é mínimo, a tensão de corte induzida na junta é máxima. Assim, reordenando a eq. (5), podemos escrever a expressão para o ângulo mínimo de escarificação como

τ_{max} ^^ $*\sin 2\alpha_{min}$

i. e. $\alpha_{min} = -[\sin^{-1}(2*\tau_{max}/P)]$ (7)

Na mesma linha, quando o ângulo de escarfagem é máximo, a resistência à tração é máxima, pelo que, reordenando a eq. (6), a expressão para o ângulo de escarfagem máximo é dada como

σ_{max} $* (1\text{-}\cos 2\alpha_{max}.)$

i. e.

$\alpha_{max} = -[\cos^{-1}(1 - 2*\sigma_{max}/P)]$ (8)

3.4 PREPARAÇÃO DA SUPERFÍCIE:

As superfícies do aderente a unir desempenham um papel importante no processo de ligação, pelo que se pode dizer que o processo mais importante que rege a qualidade de uma junta de ligação adesiva é a preparação da superfície. Para obter a máxima resistência mecânica, recomenda-se sempre o tratamento da superfície antes da aplicação das colas, o que melhora significativamente a resistência da ligação. A formação de uma química de superfície adequada é o passo mais importante no processo de preparação da superfície porque a integridade desta superfície influencia diretamente a durabilidade da ligação adesiva [2]. Uma boa qualidade de ligação requer uma boa preparação da superfície e isso não é mais do que uma superfície bem limpa, é o equívoco mais comum neste domínio. Uma superfície limpa é uma condição necessária para a adesão, mas não é uma condição suficiente para a durabilidade da ligação. A ligação adesiva funciona com base na formação de ligações químicas (principalmente covalentes, mas também podem estar presentes algumas ligações iónicas e de atração estática) entre os átomos da superfície aderente e os compostos que constituem o adesivo [2]. Estas ligações químicas

transfere a carga entre os aderentes. A maioria das falhas de ligação adesiva ocorre devido à má qualidade da preparação da superfície durante o fabrico da ligação.

O principal objetivo do tratamento da superfície do aderente é aumentar a energia da superfície do aderente tanto quanto possível. Os tratamentos de superfície diminuem o ângulo de contacto com a água, aumentam a tensão superficial e, consequentemente, aumentam a força de ligação [1]. Têm sido utilizados vários tratamentos de superfície, com diferentes graus de sucesso, para aumentar a tensão superficial, aumentar a rugosidade da superfície, alterar a química da superfície e, assim, aumentar a força de ligação e a durabilidade das juntas adesivas. O desengorduramento, a abrasão, a decapagem, o peel-ply, o tear-ply, o ataque ácido, o tratamento por descarga corona, o tratamento por plasma e o tratamento por laser são alguns dos tratamentos de superfície utilizados neste domínio [1]. No entanto, os processos de preparação da superfície mais populares são discutidos em pormenor (enumerados por ordem crescente de eficácia) [1], [2]:

1. Apenas desengordurar.
2. Desengordurar, lixar e remover as partículas soltas.
3. Pré-tratamento químico

Ao efetuar qualquer pré-tratamento, deve ter-se o cuidado de evitar a contaminação da superfície, durante ou após o pré-tratamento. A contaminação pode ser causada por marcas de dedos ou por panos que não estejam perfeitamente limpos, ou por abrasivos contaminados com óleo ou por soluções químicas ou de desengorduramento de qualidade inferior. A contaminação também pode ser causada por outros processos de trabalho que ocorram na área de colagem, como vapores de óleo de máquinas, operações de pulverização (por exemplo, tinta, etc.) e processos que envolvam materiais em pó.

Após qualquer pré-tratamento, a colagem das superfícies deve ser efectuada o mais rapidamente possível, ou seja, quando as propriedades da superfície estiverem no seu melhor estado.

4. 4.1 Desengorduramento:

Remover todos os vestígios de óleo e gordura através de um dos seguintes métodos:

1. Suspender em vapor de solvente de halocarbono numa unidade de desengorduramento a vapor.
2. Imergir sucessivamente em dois tanques contendo cada um o mesmo solvente líquido de halocarbono, o primeiro como lavagem e o segundo como enxaguamento.
3. Escovar ou limpar as superfícies das juntas com uma escova ou pano limpo embebido num solvente desengordurante comercial patenteado e limpo.
4. Desengorduramento com detergente. Esfregar a superfície da junta numa solução de detergente líquido. Lavar com água quente limpa e deixar secar completamente - de preferência com uma corrente de ar quente.
5. O desengorduramento alcalino é um método alternativo ao desengorduramento com detergente. Recomenda-se a utilização de produtos patenteados e o cumprimento das instruções de utilização do fabricante.
6. O desengorduramento por ultra-sons pode ser utilizado quando apropriado e é geralmente utilizado para a preparação de pequenas amostras.

5. 4.2 Abrasão:

As superfícies ligeiramente lixadas proporcionam uma melhor aderência do que as superfícies muito polidas. O tratamento por abrasão, se efectuado, deve ser seguido de um outro tratamento para garantir a remoção completa das partículas soltas. Seguem-se alguns métodos de abrasão 1. Repetir a operação de desengorduramento (os líquidos de desengorduramento devem estar limpos).

2. Escovar ligeiramente com uma escova macia e limpa.
3. Soprar com um jato de ar comprimido limpo e seco (filtrado). A abrasão pode ser efectuada com papel abrasivo, escovas de arame ou, mais eficazmente, com jato de areia.

3.4.3 Pré-tratamento químico:

Após a abrasão, é necessário remover todas as partículas soltas da superfície de um metal para garantir uma boa resistência da ligação. Geralmente, é efectuado um pré-tratamento químico da superfície metálica para remover as partículas soltas. O ácido sulfúrico, o ácido clorídrico, a acetona, o ácido nítrico e o hidróxido de sódio são alguns dos produtos químicos utilizados para o pré-tratamento químico.

3.5 FACTORES QUE AFECTAM A DURABILIDADE DA JUNTA ADESIVA:

A durabilidade da junta adesiva depende em grande medida das propriedades da cola e do material a unir, ou seja, do aderente. As temperaturas elevadas, os solventes potentes e a água são os principais agentes que afectam as propriedades da cola. A durabilidade da junta também dependerá dos efeitos destes agentes nos materiais que estão a ser unidos. Mais importante ainda, dependerá do estado das superfícies da junta enquanto a colagem estiver a decorrer. As melhores juntas são feitas quando as superfícies estão suficientemente limpas e têm boa afinidade com o adesivo. A maioria das colas é sensível ao calor, pelo que é importante controlar a sua gama de temperaturas de trabalho efectivas. As colas devem ser seleccionadas tendo em conta o seu ambiente de trabalho, onde estão expostas a diferentes solventes juntamente com a água. Na maioria dos tipos de cola, a aplicação de calor para completar o processo de cura melhora a resistência inicial e a durabilidade. O nível de controlo exigido por estes agentes para uma determinada aplicação deve ser decidido no momento da preparação da colagem, uma vez que estes factores são necessários para produzir uma junta colada satisfatória para as condições de serviço previstas.

3.6 Resumo:

No entanto, as juntas adesivas apresentam uma grande variação na resistência da junta, pelo que é necessário e importante investigar as distribuições de tensões e a avaliação da resistência das juntas adesivas sob vários tipos de cargas externas. Na conceção de juntas adesivas com cachecol, uma questão importante é como determinar o ângulo do cachecol, as propriedades do material adesivo e a espessura do adesivo do ponto de vista da engenharia mecânica. Assim, é necessário examinar o efeito do ângulo do cachecol, das propriedades do material adesivo e da espessura do adesivo nas distribuições de tensão da interface nas juntas e nas resistências das juntas.

CAPÍTULO 04
ANÁLISE EXPERIMENTAL

4.1 INTRODUÇÃO:

Para realizar o trabalho experimental, é adoptada a seguinte metodologia.

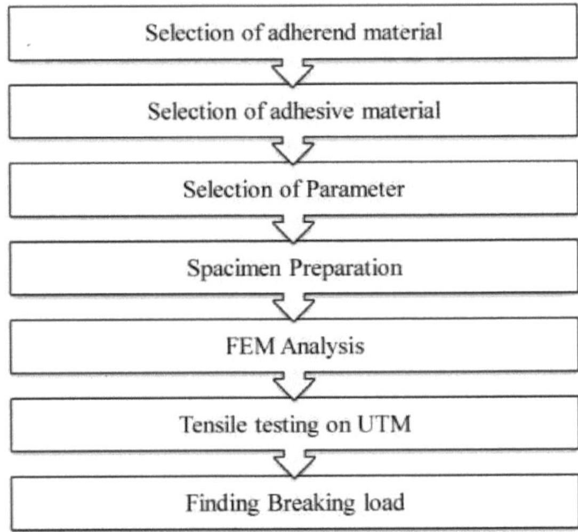

4.2 SELECÇÃO DO MATERIAL DE ADERÊNCIA:

A seleção do material para a formação da junta, ou seja, o material aderente, é o primeiro passo da experimentação. Depois de rever a literatura, verifica-se que o aço inoxidável, ou seja, SS-400, SS-304, aço para ferramentas st60, alumínio e as suas ligas, como YH75, são alguns dos materiais habitualmente utilizados como aderente. Entre estes muitos materiais, o aço inoxidável SS 304 é selecionado como material aderente que satisfaz os requisitos abaixo indicados:

- Deve ter uma elevada resistência.
- Deve resistir à corrosão.
- Deve ser duradouro.
- Deve estar disponível facilmente e a um custo fiável.

Composição de **SS 304** [26]

Constituinte (em peso e em percentagem)

Carbono	0.08
Manganês	2.00
Fósforo	0.045
Enxofre	0.030
Silício	0.75
Crómio	18.00-20.00
Níquel	8.00-12.00
Nitrogénio	0.10

4.3 SELECÇÃO DO MATERIAL PARA A COLA:

A seleção do adesivo é importante, uma vez que a resistência e a durabilidade da junta dependem muito do tipo de adesivo utilizado. Está disponível uma grande variedade de colas, tal como referido no capítulo 1.4. Para que um material tenha um bom desempenho como adesivo, deve ter os seguintes requisitos principais: [23].

- Deve "molhar" as superfícies - ou seja, deve fluir sobre as superfícies que estão a ser coladas, deslocando todo o ar e outros contaminantes que estejam presentes.
- Tem de aderir às superfícies - Ou seja, depois de passar por toda a superfície, tem de começar a aderir.
- Deve desenvolver resistência - O material deve agora alterar a sua estrutura para se tornar forte e continuar a ser aderente.
- Deve permanecer estável - O material deve permanecer inalterado pelas condições ambientais e outros factores enquanto a ligação for necessária.

Além disso, devem ser considerados os seguintes parâmetros ao selecionar um adesivo:

- Resistência da ligação: Deve ter uma elevada força de ligação.
- Flexibilidade térmica: Não deve ser afetada na gama máxima de temperaturas.
- Tempo de cura: O tempo de cura deve ser o mais curto possível.
- Elevada resistência à humidade, à corrosão e a outros factores ambientais.
- Deve estar facilmente disponível e ter um custo fiável.

Tendo em conta os pontos supramencionados, é selecionado o "adesivo epóxi Araldite Standard" produzido pela Petro Araldite Pvt. Ltd.

4.3.1 Adesivos epoxídicos:

As colas epoxídicas são colas de dois componentes (resina e endurecedor) com grandes variações nas suas viscosidades. As colas epoxídicas formam polímeros termoendurecidos duros e rígidos com elevada resistência e boa resistência ambiental. A disponibilidade de uma grande variedade de resinas e endurecedores de colas epoxídicas permite a sua utilização em quase todas as aplicações. A cura por calor também melhora geralmente a força de ligação, a resistência térmica e a resistência química. Quando se utiliza um sistema de dois componentes, a resina e o endurecedor são embalados separadamente e são misturados imediatamente antes da utilização. Isto permite a utilização de endurecedores mais activos para que os epóxis de dois componentes curem rapidamente em condições ambientais.

4.3.2 Mecanismo de adesão da resina epoxídica ao metal:

A adesão está a ocorrer devido a uma ou mais teorias de adesão, tal como referido no capítulo 3.2. Um cientista, Glazer [10], realizou um trabalho sobre a mecânica da adesão da ligação interfacial de metal com resina epóxida a nível molecular. Descobriu que a força de ligação da resina epóxi depende do conteúdo do grupo hidroxilo, mas não do grupo epóxi ou do conteúdo de hidrocarbonetos. A partir destas descobertas, resumiu que o hidrogénio

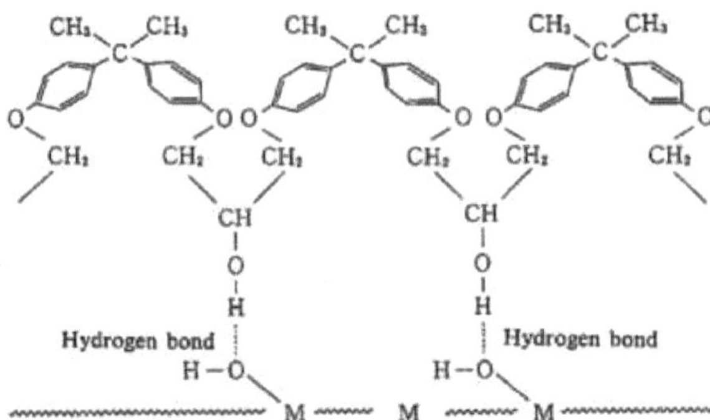

Figura 4.1 Mecanismo de adesão entre a resina epoxídica e a superfície metálica proposto por Glazer [10]

A ligação é a base para a adesão da superfície aderente, da resina epoxi e da superfície metálica. Apresentou o modelo de ligação interfacial como mostra a figura 4.1.

Vantagens dos adesivos epoxídicos:

- Grande variedade de formulações disponíveis
- Alta aderência em muitos substratos
- Boa resistência
- A cura pode ser acelerada com calor
- Excelente profundidade de cura
- Resistência ambiental superior

Desvantagens das colas epoxídicas:

- Os sistemas de duas partes requerem mistura
- Os sistemas monocomponentes requerem cura por calor
- Tempos longos de cura e fixação

Especificações do "Araldite Epoxy adhesive"[21]:

- Epóxi de duas partes
- Mistura de resina e endurecedor
- Resistência à tração=7 Mpa
- Tempo de cura= min. 8 horas
- Estabilidade térmica (-50 a 120^0 c)

Tabela 4.1 Composição do adesivo epoxídico padrão Araldite [21]

Parte A (Resina)	Parte B (Endurecedor)
Resina epoxídica de bisfenol F (1-10%)	Dimetilaminopropil- 1,3-propileno diamina (1-10%)
Sílica(1-10%)	Reação bisfenol A-epicloridrina (8090%)
Poliaminoamida (60-90%)	

Propriedades químicas:

- **Estado físico:** Líquido viscoso
- **Solubilidade:** Imiscível com água.
- **Gravidade específica:** 0,95-1,20
- **Ponto de inflamação (°C):** >100
- **Ponto de ebulição/intervalo (°C):** >200
- **pH:** 6 (Parte A)
- **Viscosidade:** 17-23 mPa.s

4.4 SELECÇÃO DOS PARÂMETROS:

A fase mais importante durante a experimentação é a seleção dos parâmetros críticos que afectam a resistência da junta adesiva com cachecol. Na junta adesiva com cachecol, há vários parâmetros envolvidos na sua configuração. Estes parâmetros contribuem para a resistência da junta adesiva com cachecol, entre os quais alguns parâmetros são críticos, cujo efeito na resistência da junta não pode ser previsto diretamente, como o ângulo do cachecol e a rugosidade da superfície. Por conseguinte, para melhorar a resistência da junta adesiva com cachecol, é necessário avaliar o efeito destes parâmetros na resistência da junta. Após revisão da literatura, são seleccionados os seguintes parâmetros críticos:

1. Ângulo do cachecol
2. Rugosidade da superfície
3. Espessura da camada adesiva
4. Relação de mistura do adesivo (resina para endurecedor)

Cada parâmetro é analisado em pormenor mais adiante, um a um:

1.1.1 Ângulo do cachecol:

Na junta adesiva com cachecol, o ângulo do cachecol é o único parâmetro que a diferencia de outros tipos de juntas adesivas e é determinante para a resistência da junta adesiva com cachecol [4],[5]. Assim, o ângulo do cachecol é selecionado como um dos parâmetros para a experimentação. O ângulo α é um ângulo de escarificação apresentado na Fig. 4.3.

Figura 4.2 Diagrama esquemático de uma junta adesiva com cachecol

Com variações no valor do ângulo de escarfagem, a resistência da junta adesiva de escarfagem também varia. Para determinar o valor ótimo do ângulo de escarificação para obter a resistência máxima, é necessário analisá-lo. Foram seleccionados três níveis de ângulos de escarificação: 30^0 , 45^0 , 60^0 .

1.1.2 Rugosidade da superfície:

Este é outro parâmetro dominante na resistência da junta adesiva para cachecóis.

Venables (1984), num dos seus estudos, em que investigou os efeitos da rugosidade da superfície e das características da superfície na resistência da junta, descobriu que a rugosidade da superfície é eficaz no aumento da resistência das juntas coladas com adesivo. Afirma que a rugosidade da superfície adere aos materiais colados e ao adesivo, proporcionando uma fixação adesiva e, por conseguinte, a junta torna-se mais durável [5]. As superfícies não devem ser muito polidas (lisas) para as juntas coladas. O efeito de cunha perde-se em superfícies lisas, o que dificulta a fixação do adesivo [5]. A rugosidade óptima da superfície deve situar-se entre o valor de R= 0,8 e 3,2 μm (Loctite, 1998) [5]. Assim, para descobrir o valor ótimo da rugosidade da superfície, foram seleccionados três níveis de rugosidade da superfície para experimentação: 1 μm, 2 μm e 3 μm. Uma vez que é difícil obter o valor exato da rugosidade da superfície, é considerada uma tolerância de 0,2 μm.

A medição dos parâmetros de rugosidade da superfície antes dos procedimentos de colagem foi efectuada por um dispositivo de medição da rugosidade da superfície MitutoyoSurftest SJ - 400, que é apresentado na Fig.4.4. Três valores diferentes de rugosidade foram obtidos através da escovagem da superfície de colagem.

Figura 4.3 MitutoyoSurftest SJ - 400, aparelho de ensaio de rugosidade superficial[5]

Neste caso, o valor da rugosidade da superfície "Ra" é um valor médio da rugosidade da superfície, calculado como se mostra na Fig. 4.3, que pode ser calculado utilizando a equação, em que Lm é o comprimento total digitalizado na direção x (horizontal). O valor *Ra* é a média aritmética das alturas de pico a vale.

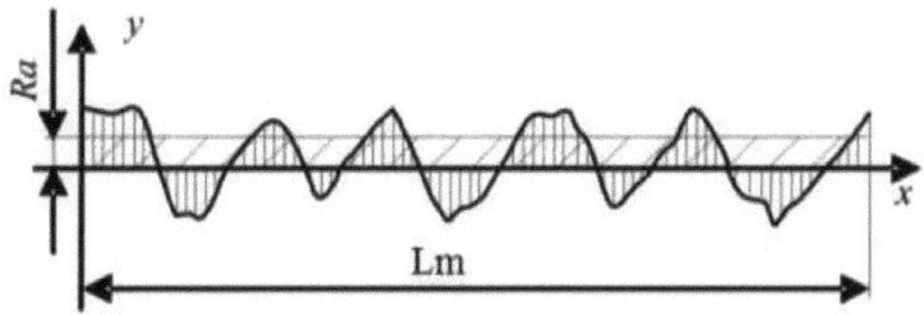

Figura 4.4 Medição da rugosidade da superfície[7]

1.1.3 Espessura da camada adesiva:

Dependendo da espessura da camada adesiva entre dois aderentes, a resistência da junta altera-se com a alteração da espessura. Zhu e Kedward [4] analisaram o efeito da espessura da ligação na resistência da junta adesiva durante muitos anos [4]. Zhu e Kedward [4] analisaram o efeito da espessura da ligação nas juntas sobrepostas simples e duplas de titânio utilizando o método dos elementos finitos e soluções em forma fechada. Os seus estudos paramétricos concluíram que a resistência máxima das juntas sobrepostas de adesivo dúctil aumentava com a diminuição da espessura da ligação. Taib et al. [4] estudaram o efeito da espessura da ligação em juntas de secção L de aderentes compósitos utilizando a pasta adesiva estrutural de dois componentes Hysol EA 9359[4]. Verificaram que existe uma diminuição da carga de rotura com o aumento da espessura da ligação.

Davies et al. (2009) efectuaram um estudo relacionado com o efeito da espessura do adesivo. Como resultado da sua análise, afirmaram que a resistência à tração diminui à medida que a espessura do adesivo aumenta e que a espessura ideal deve ser de 0,8 mm ou menos. Em geral, a resistência das juntas adesivas aumenta à medida que a espessura da colagem diminui [4]. Por isso, é importante determinar o valor ótimo da espessura da camada para obter a resistência máxima da junta. Os níveis-alvo seleccionados de espessura de camada para a experimentação são 0,5 mm, 1 mm e 1,5 mm. Uma vez que é difícil obter um valor exato da espessura de camada predefinida, considera-se uma tolerância de 1 mm. O microscópio de viagem é utilizado para medir o valor exato da espessura da camada de ligação após a ligação.

1.1.4 Relação de mistura do adesivo (resina para endurecedor):

O adesivo utilizado na experimentação é o adesivo epoxídico padrão Araldite, que é um adesivo epoxídico de duas partes com resina e endurecedor como dois componentes. Dependendo da proporção da mistura de resina e endurecedor, a resistência da mistura adesiva altera-se. Assim, para descobrir o efeito do rácio de mistura de resina: endurecedor, este é considerado como um dos parâmetros. 1:1, 1,5:1, 2:1 são os três níveis de proporção de mistura por volume seleccionados para a experimentação.

4.5 ANÁLISE FEM:

A conceção da experimentação e a análise MEF para encontrar níveis óptimos de factores de controlo foram discutidas em pormenor no capítulo número 3. A análise MEF é uma das tarefas importantes.

4.6 PREPARAÇÃO DO ESPÉCIME:

São preparadas nove amostras da junta adesiva com lenço de acordo com as combinações dos factores de controlo, seguindo-se três passos para a preparação das amostras

4.6.1 Geometria do espécime:

A geometria dos provetes da junta adesiva com cachecol é decidida com base na norma ISO. A norma ISO 6922:1987(E) [25] apresenta a geometria normalizada do provete para o ensaio de tração da junta adesiva com cachecol da seguinte forma

O provete de secção transversal retangular deve ter um lado de 10, 15, 25 ou 50 mm com uma tolerância de 0,1 mm. O comprimento mínimo deve ser de 50 mm ou 3 × o comprimento do lado. Para o efeito, prepara-se o provete de acordo com as dimensões indicadas na figura 4.6

Todos os espécimes de SS-304 para este método de ensaio foram fabricados utilizando o procedimento descrito abaixo. Foi comprada uma barra com secção transversal retangular de material SS-304 e cortada em bruto com uma serra circular em pequenas barras de 400 mm de comprimento cada. Ao localizar o centro, o ângulo de escarificação é marcado nos espécimes e, em seguida, a barra é cortada em duas partes com o ângulo de escarificação adequado.

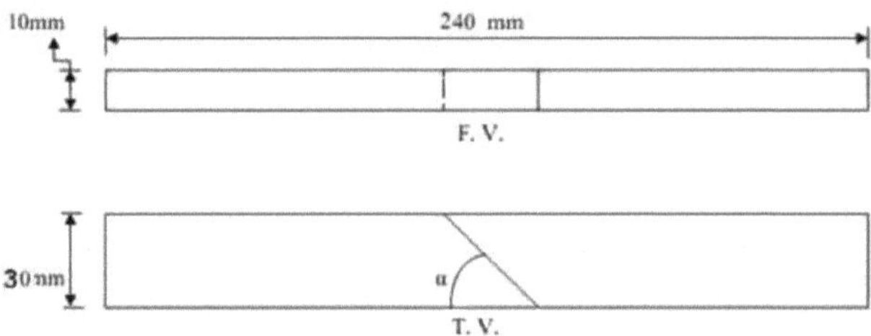

Figura 4.5 Dimensões dos provetes da junta adesiva com cachecol de acordo com a norma ISO

4.6.2 Preparação da superfície:

De acordo com a norma ASTM D 265101 [25], são seguidos os três passos seguintes para a preparação da superfície.

- **Desengorduramento:**

No desengorduramento, todos os vestígios de óleo e gordura são removidos da superfície metálica a ser unida. O desengorduramento com detergente é utilizado na presente experimentação. No desengorduramento com detergente, a superfície da junta é profundamente imersa numa solução de detergente líquido, sendo depois lavada com água quente limpa e deixada secar completamente.

- **Abrasão:**

O tratamento de abrasão é efectuado para tornar a superfície ligeiramente mais áspera, o que garante uma elevada resistência da junta adesiva. É efectuada uma escovagem ligeira com uma escova limpa e macia para obter a rugosidade necessária.

- **Pré-tratamento químico:**

A fim de remover todas as partículas soltas após a abrasão, é necessário efetuar um tratamento químico antes da colagem. Para o efeito, é aplicado um tratamento com acetona. A superfície da amostra foi profundamente mergulhada num líquido de acetona para garantir a remoção de todas as partículas soltas.

4.6.3 Preparação conjunta:

Uma vez terminado o processo de preparação da superfície, as amostras estavam prontas para serem coladas. Após a preparação da superfície, os componentes do adesivo epóxi, ou seja, a resina e o endurecedor, foram misturados cuidadosamente antes da colagem. Para manter o rácio de mistura adequado, são utilizados pequenos tubos de resina e endurecedor. As propriedades mecânicas do adesivo epoxídico Araldite já foram analisadas na secção 5.3. É utilizado o adesivo epóxi Araldite sob a forma de pasta. Depois de misturar o adesivo, aplica-se uma camada fina em ambas as superfícies do aderente que deve ser unido. Esta camada fina e contínua assegura que toda a superfície é humedecida e ajuda o adesivo a espalhar-se uniformemente. O adesivo foi então adicionado uniformemente em todas as superfícies. Ao fazê-lo, foi tomado um cuidado especial para manter a quantidade de bolhas de ar retidas no adesivo o mínimo possível. Neste estudo, o adesivo epóxi utilizado é um adesivo epóxi de cura à temperatura ambiente, pelo que o procedimento de união é efectuado apenas à temperatura ambiente. A espessura da ligação, t, foi ajustada utilizando um dispositivo especial. Todos os espécimes foram curados à temperatura ambiente durante mais de 24 horas. Depois de os espécimes estarem totalmente curados, o excesso de adesivo foi removido. A espessura real da ligação, t, foi então medida com a ajuda de um microscópio móvel.

Figura 4.6 Espécimes preparados de juntas adesivas com cachecol

CAPÍTULO 05
CONCEPÇÃO DAS EXPERIÊNCIAS

5.1 INTRODUÇÃO:

O projeto de experiências é um dos métodos de análise de dados altamente precisos utilizados para explorar os factores que influenciam cada caraterística [18]. No contexto da crescente concorrência a nível da qualidade dos produtos, estas técnicas são muito úteis para melhorar a qualidade do produto através de uma abordagem estatística. A técnica DOE estabelece cientificamente a relação causa-efeito existente no sistema e, consequentemente, o sistema é adotado.

O DOE é definido como a seleção de parâmetros e a especificação de características que ajudariam à criação de um produto ou processo com um desempenho predefinido e esperado [18]. Trata-se de um conjunto bem planeado de experiências, em que todos os parâmetros de interesse são variados ao longo de um intervalo especificado, a partir do qual são encontrados parâmetros optimizados para obter a máxima qualidade. Melhora as nossas capacidades através da criação de estruturas físicas ou informativas [18]. Estas experiências também requerem o menor número de ensaios, proporcionando assim a melhor economia, que é a maior vantagem das técnicas DOE.

5.2 ENSAIO DE TRACÇÃO EM MÁQUINA DE ENSAIO UNIVERSAL:

A placa em bruto do aço inoxidável do grau SS 304 é comprada com as dimensões de 30 mm X 240 mm de espessura da placa é de 10 mm. A placa é cortada em duas partes usando a máquina EDM de corte de fio como mostrado na imagem

Figura 5.1 Partes cortadas de SS 304

Duas partes das peças de aço são unidas utilizando o adesivo Araldite 420 e mantidas sob pressão durante 5 horas à temperatura ambiente (25^0 c). O ensaio de tração de cada amostra da junta adesiva com lenço foi realizado à temperatura ambiente utilizando uma máquina de ensaio universal (INSTRON) fabricada pela Fine spavy associates and engineers pvt. ltd. com uma carga máxima de 60 kN, como se mostra na Fig. 5.2 e 5.3 A resistência à rutura em Mpa é registada para cada amostra e é mostrada na Tabela 5.2 Geometria da junta de lenço é montada na mandíbula móvel da UTM e depois é lentamente inserida na mandíbula fixa. A geometria é montada na mandíbula de modo a que a secção de 100 mm

Uma vez que o trabalho é mantido firmemente dentro das duas mandíbulas, a carga de tensão é aplicada movendo a mandíbula móvel na direção ascendente. A mandíbula é movida para cima à velocidade de 10 mm/min.

As outras condições de ensaio são

Temperatura = 25 c^0

Pré-tensão aplicada = 0 N

Figura 5.2 Ensaio da junta adesiva com cachecol em UTM

Os quatro factores de controlo, com os seus três níveis, são apresentados no quadro 5.1

Quadro 5.1 Factores de controlo e respectivos níveis

Níveis Fator de controlo	1	2	3
Ângulo do cachecol (graus)	30	45	60
Rugosidade da superfície (µm)	1	2	3
Espessura da camada adesiva (mm)	0.5	1	1.5
Rácio da mistura	1:1	1.5:1	2:1

5.3 SELECÇÃO DA MATRIZ ORTOGONAL:

A conceção da experimentação consiste em encontrar os níveis óptimos dos factores de controlo, que foram analisados em pormenor no capítulo 3. A seleção da matriz ortogonal é uma das tarefas importantes do projeto de experimentação. Depois de desenhar a matriz ortogonal no software Minitab, foram mostradas duas matrizes ortogonais, nomeadamente L9 e L27, para o projeto de experimentação, quando o número de experiências é 27. Por conseguinte, a matriz L27 foi selecionada devido ao facto de apenas ser necessário realizar 27 experiências para obter resultados eficazes. A matriz L27 dada pelo projeto de experimentação na Tabela 5.2

Tabela 5.2 Valores experimentais para a resistência à rutura

Sr. Não	Factores de controlo				Resistência à rutura (Mpa)
	Ângulo do cachecol (graus)	rugosidade da superfície (µm)	Espessura da camada (mm)	Relação da mistura (Resina : Endurecedor)	
1	30	1	0.5	1	1.4
2	30	1	1.5	2	1.6
3	30	1	1	2	1.7
4	30	2	1.5	2	1.7
5	30	2	1.5	1	1.7
6	30	3	0.5	1	1.7
7	30	2	0.5	1	1.6
8	30	3	1.5	2	1.7
9	30	3	1	1	1.7
10	45	1	0.5	1	1.9
11	45	1	1.5	2	2.2
12	45	1	1	2	2.3
13	45	2	1.5	2	2.3
14	45	2	1.5	1	2.3
15	45	2	0.5	2	2.1
16	45	3	0.5	1	1.9
17	45	3	1.5	2	2.3
18	45	3	1	1	2.1
19	60	1	0.5	1	2.0
20	60	1	1.5	2	2.2
21	60	1	1	2	2.5
22	60	2	1.5	2	2.3
23	60	2	1.5	1	2.3
24	60	3	0.5	1	2.1
25	60	2	0.5	2	2.1
26	60	3	1.5	2	2.3
27	60	3	1	2	2.3

CAPÍTULO 06
RESULTADOS E DISCUSSÃO
6.1 MEDIÇÃO DA RESISTÊNCIA À TRACÇÃO NA JUNTA:

A análise experimental da junta adesiva de cicatrizes deve ser efectuada numa máquina de ensaio universal. As especificações técnicas da máquina UTM são apresentadas no quadro 6.1

Tabela 6.1 Especificações técnicas da máquina UTM

Capacidade	Até 60 KN
Velocidade de teste	
Velocidade mínima de ensaio	0,01 mm/min
Velocidade máxima de ensaio	500 mm /min
Dimensões e características das cabeças cruzadas	
Largura	De preferência na gama de 1000-1200 mm
Profundidade	De preferência na gama de 500-600 mm
Altura	De preferência, na gama de 1600-2000 mm
Total das viagens de cruzeta	De preferência, na gama de 1200-1400 mm
Espaço total de ensaio vertical	De preferência, na gama de 1200 mm-1400 mm
Exatidão	~ 0,5 μm
Repetibilidade	~ 0,25 μm
Discriminação/Resolução	0,0004% do intervalo
Interface de computador	Via USB ou Ethernet
Aquisição de dados	Conforme a norma ASTM E 1856

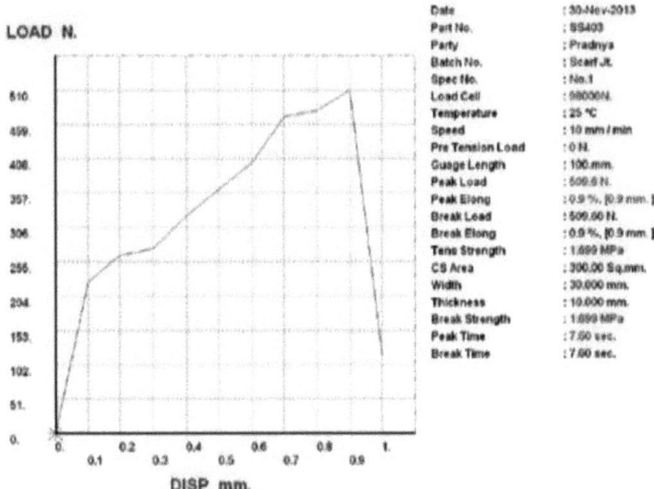

Figura 6.1 Gráficos de ensaio de tração para a junta do escaravelho (30 graus)

Tabela 6.2 Resultados e dados de ensaio da máquina UTM (30 graus)

Tempo (seg.)	Disp.(mm.)	Carga (N.)	Tensão (MPa)
2.5	0.1	225	0.751
3.2	0.2	265	0.882
3.8	0.3	274	0.915
4.4	0.4	323	1.078
5.1	0.5	363	1.209
5.7	0.6	402	1.339
6.4	0.7	470	1.568
7	0.8	480	1.601
7.6	0.9	510	1.699

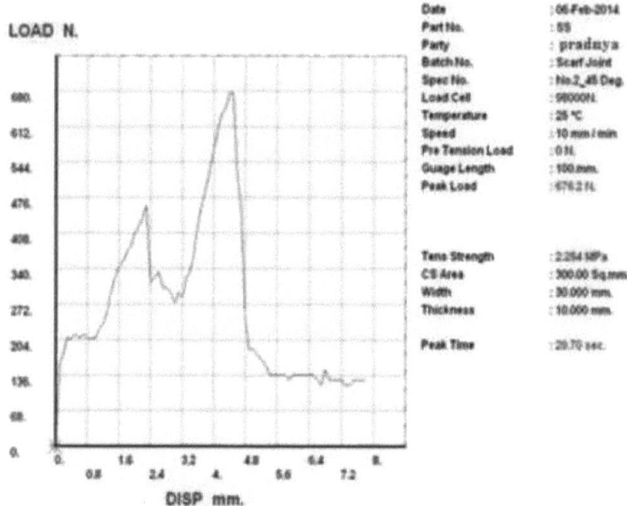

Figura 6.2 Gráficos de ensaio de tração para a junta do escaravelho (45 graus)

Tabela 6.3 Resultados e dados de ensaio da máquina UTM (45 graus)

Tempo (seg.)	Disp.(mm)	Carga (N.)	Tensão (MPa)
5.9	0.8	204	0.227
8.9	1.6	340	0.378
11.8	2.4	319	0.354
14.8	3.2	284	0.316
17.8	4.0	571	0.634
20.7	4.8	272	0.302
23.7	5.6	136	0.151
26.7	6.4	136	0.151
29.7	7.2	122	0.136

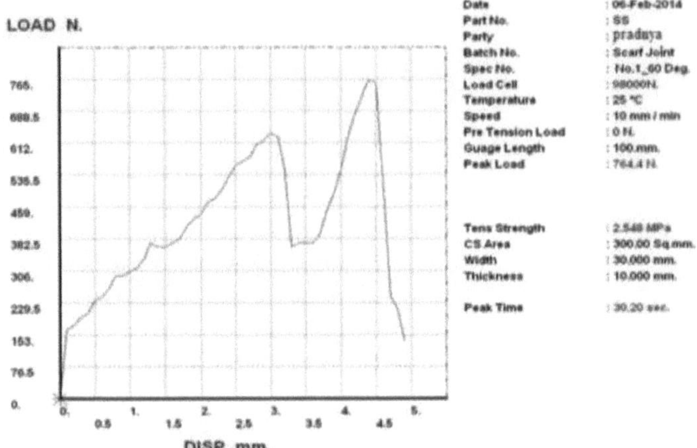

Figura 6.3 Gráficos do ensaio de tração para a junta do escaravelho (60 graus)

Tabela 6.4 Resultados e dados de ensaio da máquina UTM (60 graus)

Tempo (seg.)	Disp.(mm)	Carga (N.)	Tensão (MPa)
3.35	0.5	230	0.256
6.31	1.0	305	0.339
10.17	1.5	370	0.411
13.12	2.0	452	0.502
16.21	2.5	552	0.613
19.92	3.0	634	0.704
24.18	3.5	374	0.416
27.48	4.0	543	0.603
30.20	4.5	756	0.840

6.2 ANÁLISE DE ELEMENTOS FINITOS:

A análise dos estudos anteriores sobre as juntas adesivas indica que a abordagem analítica foi quase sempre utilizada para as juntas de topo devido às suas geometrias e condições de fronteira simples. Além disso, a maioria dos modelos analíticos anteriores eram bidimensionais; o pressuposto de deformação plana pode conduzir a resultados erróneos para alguns problemas. No caso das juntas tipo "scarf", é difícil obter soluções analíticas de forma fechada devido à geometria oblíqua das juntas e às diferentes propriedades dos materiais do sistema aderente-adesivo, a menos que se utilizem muitas simplificações nas análises. A junta com lenço pode ser tratada como estando sujeita a uma carga multiaxial no sistema de coordenadas X0Y0Z0. No entanto, é difícil resolver analiticamente os problemas do modo de carregamento multiaxial e das condições de fronteira complexas do adesivo nos bordos do provete. Assim, para avaliar a influência dos estados de tensão locais na resistência à fadiga dos provetes estudados, foi utilizado o método de EF tridimensional para obter as componentes de tensão no interior do adesivo e na interface entre o adesivo e os aderentes. O código de EF utilizado foi o ANSYS [35].

A Fig. 6.4 a-d mostra as malhas de EF dos espécimes estudados. O comprimento do modelo de EF é de 30 mm ao longo do eixo longitudinal do espécime, incluindo a parte adesiva. Foram utilizados elementos sólidos de oito nós para gerar todos os modelos de EF. Para apresentar a variação severa das tensões ao longo da linha de colagem, foram aplicadas malhas muito finas perto da área de colagem para aumentar a resolução dos resultados simulados. Além disso, para obter resultados fiáveis de simulação de EF, foi efectuado um estudo preliminar da dimensão da malha, comparando as tensões máximas de von Mises na interface de ligação obtidas a partir de uma série de análises de EF, em que a dimensão da malha do último modelo de EF era metade da do primeiro modelo de EF. Quando a diferença entre as tensões de von Mises máximas interfaciais obtidas a partir de duas análises de EF sucessivas foi inferior a 5%, então o tamanho da malha para todos os espécimes foi determinado como o utilizado na última simulação de EF. Neste estudo, a dimensão da malha utilizada nas análises de EF foi de 0,025 mm.

Todas as análises de EF foram efectuadas assumindo que todo o comportamento do material é linearmente elástico. A Tabela 6.5 apresenta as propriedades mecânicas dos materiais utilizados neste estudo. Em particular, a propriedade do material do adesivo foi obtida a partir dos ensaios estáticos efectuados nos espécimes a granel. Nas condições de fronteira das análises de EF, os nós da superfície inferior foram fixados em todas as direcções e a tensão unitária uniforme foi aplicada à superfície superior. Por conseguinte, os resultados da simulação obtidos para todos os componentes de tensão foram tratados como os componentes de tensão normalizados. Para examinar a precisão dos modelos de EF, a deformação simulada num comprimento de 10 mm, que incluía o adesivo, foi comparada com os resultados medidos para o espécime do tipo A.

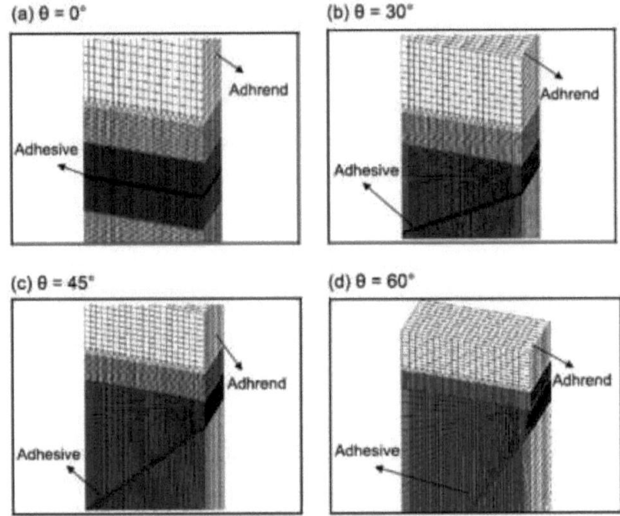

Figura 6.4. Malhas de EF para todos os tipos de espécimes estudados

Tabela 6.5 Propriedades dos materiais do adesivo e do aderente nas análises de EF

Materiais	**Módulo de elasticidade (MPa)**	**Rácio de Poisson**
SS 304	$193*10_3$	0.29
Adesivo epóxi	29	0.35

A Figura 6.5 mostra um modelo para os cálculos do MEF 2-D de juntas adesivas de escarpas. Os aderentes superior e inferior têm as mesmas dimensões e materiais e estão sujeitos a cargas de tração estáticas. As condições de fronteira aplicadas são as seguintes: O aderente inferior é fixo na direção y e a carga de tração é aplicada na extremidade do aderente superior. O módulo de Young e o coeficiente de Poisson dos aderentes são designados por *E1* e *v1*, e os do adesivo por *E2* e *v2*. O comprimento do aderente é indicado por *h1*, a largura e a espessura do aderente por *w* e *2t1*, respetivamente. O comprimento e a espessura do adesivo são designados por *2l* e *2tn*, respetivamente.

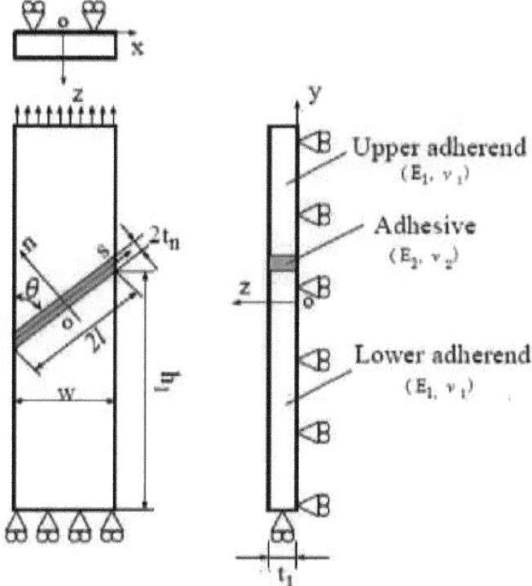

Figura 6.5 Modelo para cálculos do MEF 3-D

A Figura 6.6 mostra um exemplo de divisões de malha da junta adesiva com cachecol nos cálculos do MEF 3-D. O número total de nós foi escolhido como 30256 e o número total de elementos como 27000. O tamanho mais pequeno do elemento foi escolhido como $5 \times 5 \times 5 \mu m$ nas interfaces. O aço macio SS304 foi escolhido como material aderente e a Araldite 420 A/B como adesivo. Nos cálculos do MEF, foram utilizados modelos de materiais bi-lineares para simular a relação constitutiva não linear dos materiais adesivo e aderente.

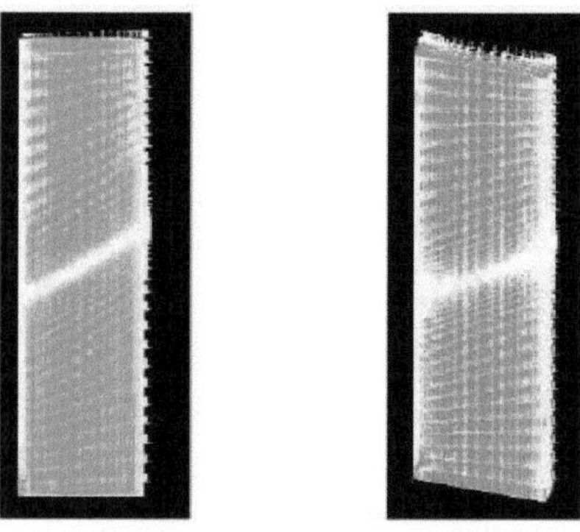

(a) Meshes in 2-D **(b) Meshes in 3-D**

Figura 6.6 Um exemplo de divisão de malha de juntas adesivas com cachecol em cálculos do MEF 2-D (a) e 3-D (b)

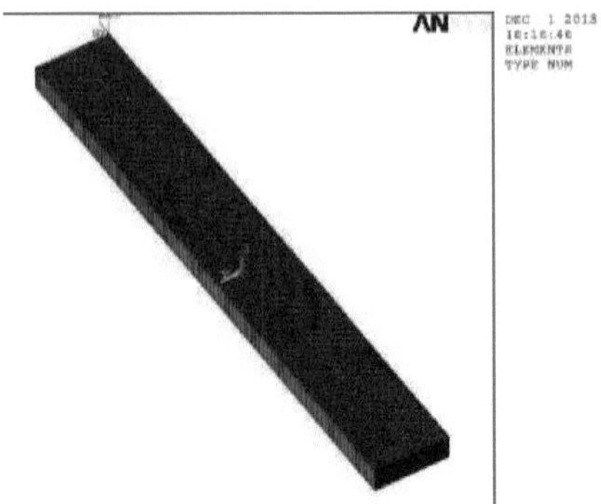

Figura 6.7 Divisões de malha de juntas adesivas com cachecol

6.3 MÉTODO ANALÍTICO:

A Figura 6.8 mostra as dimensões do aderente utilizado nas experiências para medir as deformações nos aderentes e as resistências das juntas. A espessura do provete foi escolhida como sendo de 10 mm. A espessura do adesivo foi de 0,1 mm. O material dos espécimes foi escolhido como aço macio (SS400, JIS). As experiências foram realizadas após a colagem e solidificação de um par de espécimes durante oito horas com uma Araldite 420 A/B.

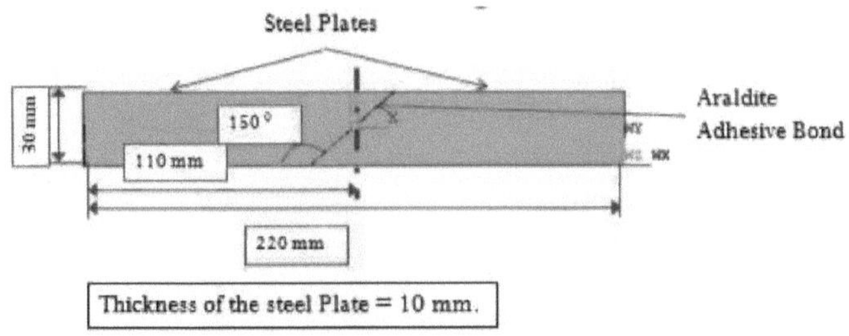

Figure 6.8 Dimensões dos aderentes utilizados nas experiências

6.8.1 RESULTADOS ANALÍTICOS E COMPARAÇÕES COM EXPERIÊNCIAS:

6.8.1.1 Gráfico de tensões de Von Mises para junta de escarificação, camada adesiva (30 graus):

A Figura 6.9 mostra a distribuição da tensão de Von Mises na junta do escarificador obtida a partir dos cálculos do MEF 2-D. A partir do resultado seguinte, observa-se que o valor máximo da tensão é obtido no limite e que pode ser negligenciado& o valor máximo da tensão é 1,698Mpa.

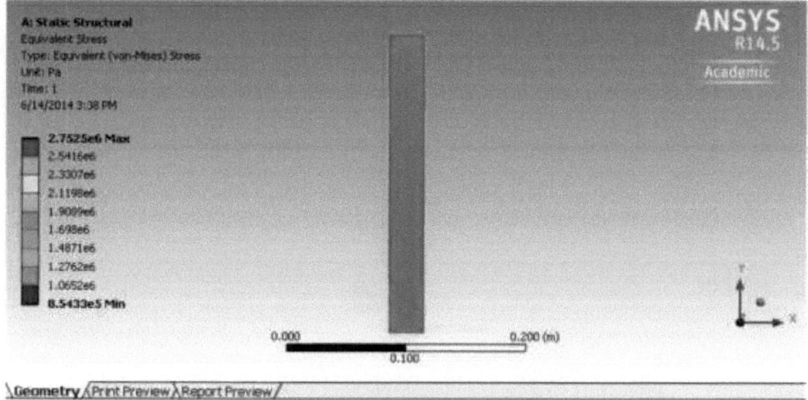

Figure 6.9 **Gráfico de tensão de Von Mises para junta tipo scarf (30 graus)**

A Figura 6.10 mostra a distribuição da tensão de Von Mises para a camada adesiva obtida a partir de cálculos FEM2-D.

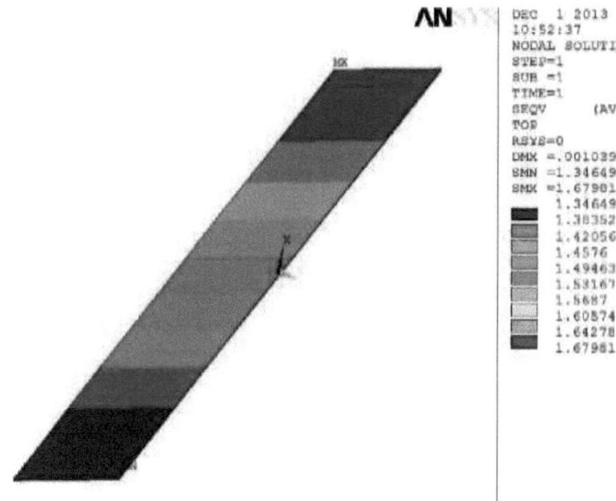

Figura 6.10 Gráfico de tensões de Von Mises para camadas adesivas (30 graus)

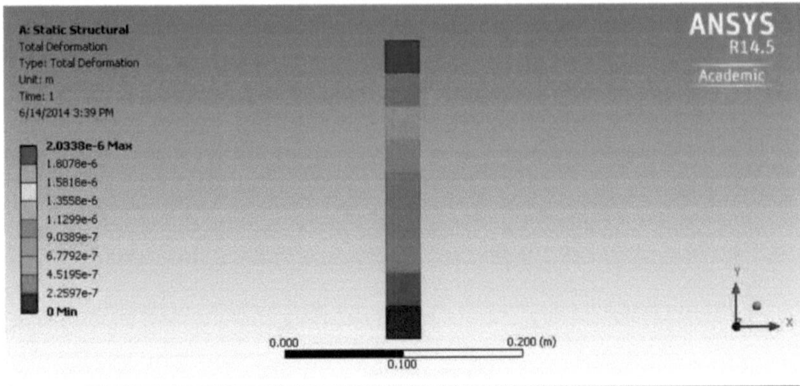

Figura 6.11 Gráfico de deslocamento para a junta do cachecol (30 graus)

A figura 6.11 mostra o gráfico de deslocamento correspondente para a junta de lenço. O deslocamento máximo no espécime é obtido no ponto onde a força é aplicada.

O gráfico de deslocamento é utilizado para determinar a deformação do espécime durante o carregamento.

6.3.1.2 Gráfico de tensão de Von Mises para junta escarfada, camada adesiva (45 graus):

A Figura 6.12 mostra a distribuição da tensão de Von Mises na junta do escarificador obtida a partir dos cálculos do MEF 2-D. A partir do resultado seguinte, observa-se que o valor máximo de tensão é obtido no limite e que pode ser negligenciado e o valor máximo de
o valor da tensão é 2,2531Mpa

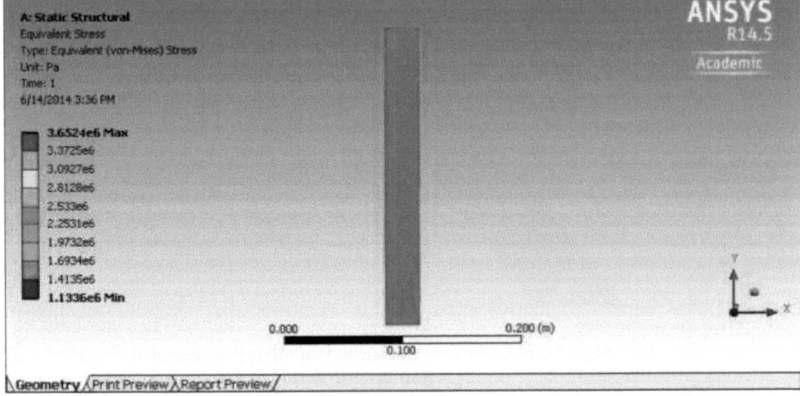

Figura 6.12 Gráfico de tensões de Von Mises para a junta do escarificador (45 graus)

A Figura 6.13 mostra a distribuição da tensão de Von Mises para a camada adesiva obtida a partir de cálculos FEM 2-D.

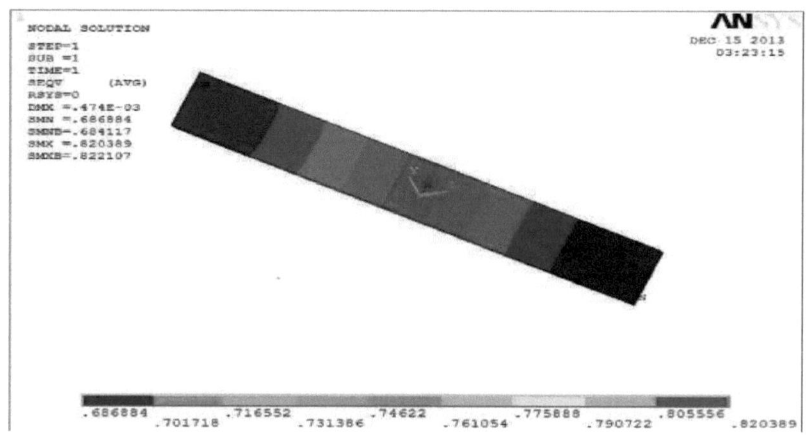

Figura 6.13 Gráfico de tensões de Von Mises para camadas adesivas (45 graus)

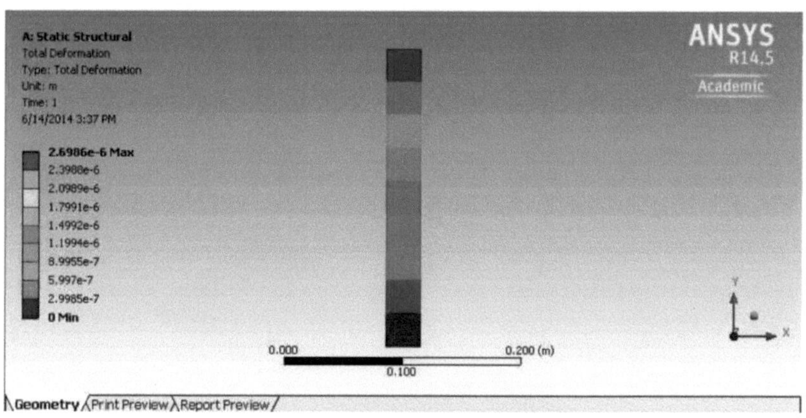

Figura 6.14 Gráfico de deslocamento para a junta do cachecol (45 graus)

A figura 6.14 mostra o gráfico de deslocamento correspondente para a junta de lenço. O deslocamento máximo no espécime é obtido no ponto onde a força é aplicada.

6.3.1.3 Gráfico de tensão de Von Mises para junta escarfada, camada adesiva (60 graus):

Figure 6.15 mostra a distribuição da tensão de Von Mises na junta do escarificador obtida a partir de cálculos do MEF 2-D. A partir do resultado seguinte, observa-se que o valor máximo da tensão é obtido no limite e que pode ser negligenciado.

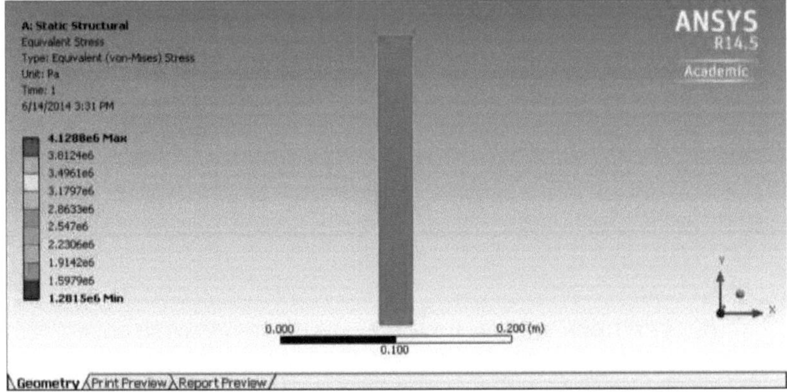

Figura 6.15 Gráfico de tensões de Von Mises para a junta do escarificador (60 graus)

Figure 6.16 mostra a distribuição da tensão de Von Mises para a camada adesiva obtida a partir de cálculos FEM 2-D. A partir do resultado seguinte, observa-se que o valor máximo de a tensão é de 2,547Mpa

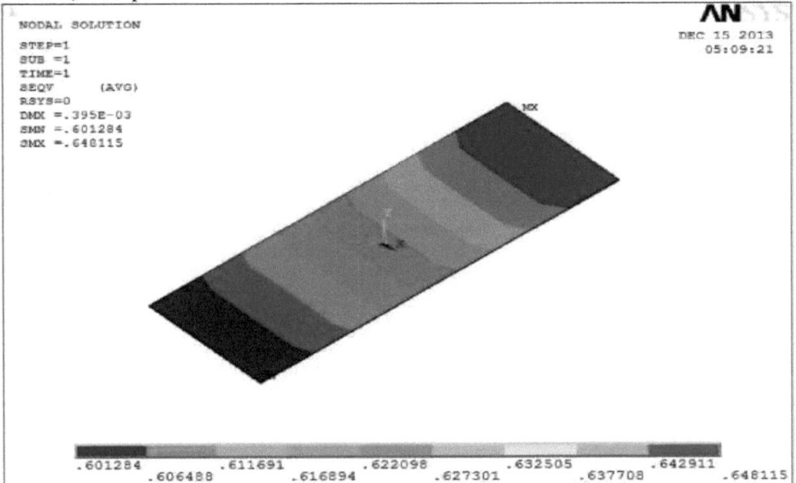

Figura 6.16 Gráfico de tensões de Von Mises para camadas adesivas (60 graus)

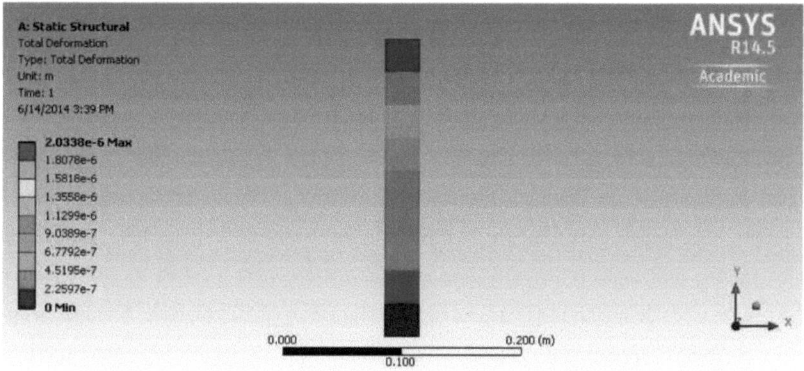

Figura 6.17 Gráfico de deslocamento para a junta do cachecol (60 graus)

O gráfico do deslocamento correspondente para a junta de lenço é apresentado na figura 6.17. O deslocamento máximo no provete é obtido no ponto onde a força é aplicada.

Tabela 6.6 Resumo dos resultados da resistência à tração da junta do cachecol

Tabela de resumo dos resultados da máquina de ensaio universal da junta do cachecol			
Conceção	Força aplicada (N)	Ângulo para o cachecol Conjunto	Resistência à tração do cachecol Junta adesiva (Mpa)
Desenho 1	509.6	30 graus	1.699
Desenho 2	676.2	45 graus	2.254
Desenho 3	764.4	60 graus	2.548

Tabela 6.7 Resumo dos resultados da FEA da junta do cachecol

Quadro de resumo dos resultados da FEA da junta do cachecol			
Conceção	Força aplicada (N)	Ângulo para o cachecol Conjunto	Tensão máxima de von Mises na camada adesiva da junta (Mpa)
Desenho 1	509.6	30 graus	1.698
Desenho 2	676.2	45 graus	2.253
Desenho 3	764.4	60 graus	2.547

Assim, a partir do resultado obtido acima, observa-se que o valor da resistência à tração obtido a partir da experiência de ensaio universal e as tensões obtidas a partir da análise de elementos finitos são semelhantes.

A partir dos resultados acima apresentados, pode concluir-se que, à medida que o ângulo da lâmina aumenta, a tensão máxima de von Mises na junta adesiva aumenta, assim como a resistência à tração do material. A tensão máxima na distribuição de tensões da junta adesiva é o ponto em que se iniciou a fissura durante o ensaio.

CAPÍTULO 07

CONCLUSÃO E ÂMBITO FUTURO CONCLUSÕES:

Após a realização de ensaios experimentais na junta adesiva com cachecol e a análise dos resultados para a junta adesiva com cachecol utilizando a abordagem da relação sinal/ruído, utilizando a abordagem de otimização de Taguchi, apresentam-se a seguir as conclusões do presente estudo:

> Foram efectuadas experiências estatisticamente concebidas com base no método dos elementos finitos, utilizando o ansys14 para analisar a resistência à rutura da junta adesiva com cachecol com tensões de tração induzidas na junta como variáveis de resposta. A máquina de ensaio universal e o ANSYS apresentam resultados semelhantes, que são verificados por experiências de confirmação.

> O fator mais preponderante na junta adesiva com cachecol é o ângulo do cachecol, que afecta muito a resistência da junta, em comparação com outros factores como a rugosidade da superfície, a espessura da camada e a proporção da mistura.

> Considerando que a rugosidade da superfície é o fator menos dominante na resistência da junta adesiva Scarf.

> A conceção da junta com níveis óptimos de factores de controlo, especialmente o ângulo de escarificação, resulta numa resistência máxima. O ângulo de escarfagem de 60^0 resultou numa elevada resistência à tração e suportou as tensões máximas, enquanto 45^0 do ângulo de escarfagem suportou as tensões de corte máximas.

> A partir dos resultados, verifica-se que o nível ótimo para os restantes factores de controlo, como a rugosidade da superfície, a espessura da camada e a proporção da mistura, é o mesmo para as três respostas. Os valores exactos são 2µm para a rugosidade da superfície, 1,5 mm para a espessura da camada e 1:2 para a proporção da mistura.

> Depois de observar as superfícies de rotura, verifica-se que, na maioria dos casos, a rotura foi coesiva, mas, nalguns casos, foi adesiva, em que a rugosidade da superfície era baixa. A força máxima encontrada foi de 2,6 KN para a seguinte configuração Ângulo do cachecol: 60°

Rugosidade da superfície: 3µm

Espessura da camada: 0,5 mm

ÂMBITO DE APLICAÇÃO FUTURO:

1. Os materiais do aderente e do adesivo podem ser alterados. Podem ser utilizados aderentes diferentes para formar uma junta.
2. Os níveis dos factores de controlo podem ser alterados para comparar a resposta.
3. Podem ser seleccionadas espessuras de camada mais pequenas para obter uma maior resistência à rutura.

REFERÊNCIAS

1. Hiroko Nakano, Yasuhisa Sekiguchi, Toshiyuki Sawa "FEM stress analysis and strength prediction of scarf adhesive joints under static bending moments", International Journal of Adhesion & Adhesives 44, 166-173, 2013

2. SinanAydin, MurazYavuzSolmaz, AydinTurut "The effect of adhesive thickness, surface oughness and overlap distance on joint strength in prismatic plug-in joints attached with adhesive", International journal of physical sciences, Vol 7(17), 2580-2586, 2012

3. MohdAfendi, Toru Nakajima, "Study on strength of V-shaped epoxy adhesive joint", Conferência internacional sobre aplicações e conceção em engenharia mecânica, 2012.

4. K.N. Anyfantis, N.G. Tsouvalis, "Experimental parametric study of single-lap Adhesive joints between dissimilar materials", 15.ª Conferência Europeia sobre Materiais Compósitos, 2012.

5. MohdAfendi ,TokuoTeramoto , HairulBinBakri , "Strength prediction of epoxy adhesively bonded scarf joints of dissimilar adherends ", International Journal of Adhesion & Adhesives 31, 402-411, 2011.

6. MohdAfendi, TokuoTeramoto, Akihiro Matsuda "Características de resistência e fratura da junta adesiva SUS304/Al-alloy scarf com várias espessuras de adesivo "Key engineering materials Vols. 462-463, 768-773, 2011.

7. HE Dan, Toshiyuki Sawa, Takeshi Iwamoto, YuvaHirayma, "Stress analysis and Strength evaluation of scarf adhesive joints subjected to static tensile load, ", International Journal of Adhesion & Adhesives 30, 387-392, 2010

8. MohdAfendi, TokuoTeramoto, "Fracture toughness test of epoxy adhesive dissimilar joint with various adhesive thicknesses", Journal of solid mechanics and materials engineering, Vol. 4,no.7, 999-1010, 2010.

9. M D Banea, L F M Da Silva, "Adhesively bonded joints in composite materials: an overview" Journal of material design and applications, Vol. 223, 2009.

10. D. Herak, M. Muller, R. Choteborsky, O. Dajbych, "Determinação da capacidade de carga da junta de madeira", RES. AGR. ENG., 55, 76-83, 2009.

11. HE Dan, TashiyakiSawa, Atsushi Karami " Análise de tensões e avaliação da resistência de juntas adesivas com escarfins com aderentes dissimilares sujeitas a
static bending moments", Acian pacific conference for materials and mechanics, 2009.

12. R. A. Kishore, R. Tiwari, A. Dvivedi, I. Singh "Taguchi analysis of the residual tensile strength after drilling in glass fiber reinforced epoxy composites", Journal of materials and design (30), 2186-2190, 2009.

13. Masayuki Tai, "Stress analysis and strength evaluation of Scarf adhesive joints with dissimilar

adherends Subjected to static bending moments", Asian Pacific conference for materials and mechanics, 2009.

14. SolymanSharifi, NaghdaliChoupani "Stress analysis of adhesively bonded Double-lap joints subjected to combined loading", World academy of science, engineering and technology 17, 758-763, 2008.

15. M. Lusic, A Stoic, J Kopac "Investigation of aluminium single lap adhesively bonded joints", Journal of Achievements in materials and manufacturing Engineering, Vol 15, 79-87, 2006.

16. Mazza, P; Martini, F; Sala, B; Magi, M; Colombini, M; Giachi, G; Landucci, F; Lemorini, C; Modugno, F; Ribechini "A new Palaeolithic discovery: tar- hafted stone tools in a European Mid-Pleistocene bone-bearing bed". Journal of Archaeological Science 33 (9): 1310,2006.

17. "Investigation of thick bondline adhesive joint", Office of Aviation Research Washington, D.C. 20591, 2001.

18. M. S. Bhatnagar, "Epoxy resin overview", the polymeric materials encyclopedia, 1996.

19. Makoto Nakazawa, "Mechanism of adhesion of Epoxy resin to steel surface", relatório técnico da Nippon Steel n.º 63, 16-22, 1994.

20. TapanBagachi, "Taguchi Methods Explained: Practical Steps to Robust Design", Prentice-Hall India Ltd., 1992.

21. Phillip J. Ross, "Taguchi technique for quality engineering" (Técnica Taguchi para a engenharia da qualidade), publicação da McGraw-Hill.

22. Ficha técnica normalizada de Araldite.

23. Glen A Rowland, Adhesives and Adhesion, CHEM NZ, No.71, 17-27, 1998.

24. H. M. Clearfield, D. K. McNamara, e G. D. Davis, Adherend surface preparation for structural adhesive bonding, em: Adhesive Bonding (L. H. Lee, ed.), Plenum Press, Nova Iorque, 1991.

25. Guia comparativo de normas ASTM-ISO.

26. Ficha de produto do aço AK.

Anexo I - Publicação

1. Bhuse P K, Sayyad M M, Gaikwad B D, "Effect of adhesive thickness, surface roughness and overlap distance on the mechanical properties of scarf adhesive joints-a review", procedendo à Conferência Internacional de Ciência e Tecnologia 2K14 realizada em Indapur 2014.
2. Bhuse P K, Sayyad M M, Borate H.P, "Stress analysis and strength evaluation of scarf adhesive joints with dissimilar adherends subjected to static bending moments", proceeding International conference of Science and Technology 2K14 held at Indapur 2014.

Printed by Books on Demand GmbH, Norderstedt / Germany